WPS 办公应用 1+X 职业等级证书系列教材

WPS 办公应用

（高级）

北京金山办公软件股份有限公司　组　编

姜志强　主　审

吴建军　马文静　刘　杨　主　编

U0178342

电子工业出版社.
Publishing House of Electronics Industry
北京·BEIJING

内容简介

本书是与《WPS 办公应用职业技能等级标准》（高级）配套的教材，全面介绍了 WPS 软件的高级应用。本书共 4 章，分别为文字文档的高级处理、创意演示文稿的制作、WPS 表格的高级应用和 WPS 协作办公。本书配有相关的微课视频、电子课件、案例素材等丰富的数字化教学资源。

本书结构清晰、语言简洁、图解丰富、案例详实，既可作为应用型本科院校、高等职业院校、中等职业院校计算机类相关专业的配套教材，又可作为 WPS 办公应用 1+X 职业等级证书的培训教材，还可作为从事办公应用工作的企业人员的自学用书。

图书在版编目（CIP）数据

WPS办公应用：高级 / 北京金山办公软件股份有限公司组编；吴建军，马文静，刘杨主编.—北京：电子工业出版社，2023.12

ISBN 978-7-121-46189-7

I.①W…　Ⅱ.①北…②吴…③马…④刘…　Ⅲ.①办公自动化－应用软件－教材　Ⅳ.①TP317.1

中国国家版本馆CIP数据核字（2023）第155844号

责任编辑：潘　娅　　　　特约编辑：倪荣霞
印　　刷：天津嘉恒印务有限公司
装　　订：天津嘉恒印务有限公司
出版发行：电子工业出版社
　　　　　北京市海淀区万寿路173信箱　邮编100036
开　　本：787×1092　1/16　印张：14.75　　字数：446千字
版　　次：2023年12月第1版
印　　次：2023年12月第1次印刷
定　　价：49.80元

前　言

2019 年 4 月，教育部会同国家发展和改革委员会、财政部、国家市场监督管理总局制定了《关于在院校实施"学历证书＋若干职业技能等级证书"制度试点方案》，启动"学历证书＋若干职业技能等级证书"（简称 1+X 证书）制度试点工作。1+X 证书制度试点是落实《国家职业教育改革实施方案》的重要改革部署，也是重大创新成果。

本书作为与《WPS 办公应用职业技能等级标准》（高级）配套的教材，主要介绍文字文档的高级处理、创意演示文稿的制作、WPS 表格的高级应用和 WPS 协作办公。

本书具有以下特点。

1. 探索课程思政特色创新，落实立德树人根本任务。

本书以习近平新时代中国特色社会主义思想为指导，坚持正确的政治方向和价值取向，系统实现知识体系与价值体系的双轨并建，充分体现社会主义核心价值观的内涵。

2. 落地课证融合，实现《WPS 办公应用职业技能等级标准》（高级）与专业教学标准的双覆盖。

严格遵循《WPS 办公应用职业技能等级标准》（高级）的要求，由院校与企业共同组成的编审团队经过多次研讨、论证，确定核心知识技能体系，形成了从职业标准到课程学习的课证融合体系。

3. 校企合作、多校合作，共建教材编审团队。

编审团队由学校专职教师和企业专家（北京金山办公软件股份有限公司）共同组成，编审团队具有多年的教学经验、丰富的教材编写经验和成熟的图书审读经验。企业技术能手不仅参与了教材提纲的确定、企业真实案例的提供、教材内容的编写，还与专职教师共同指导学生完成了实践项目。

4. 配套丰富的数字化教学资源，实现线上线下融合的"互联网＋"新形态一体化教材。

纸质教材不仅嵌入了相关知识点和技能点的微课视频，供学生自主学习，还提供了配套的电子课件、案例素材等丰富的数字化教学资源，助力教师进行线上线下混合式教学，进一步提高教材的使用效果。

本书由北京金山办公软件股份有限公司组编，姜志强担任主审，吴建军、马文静、刘杨担任主编。教材建设是一项系统工程，需要在实践中不断加以完善及改进，由于编者水平有限，书中难免存在疏漏和不足之处，敬请同行专家和广大读者给予批评和指正。

编　者

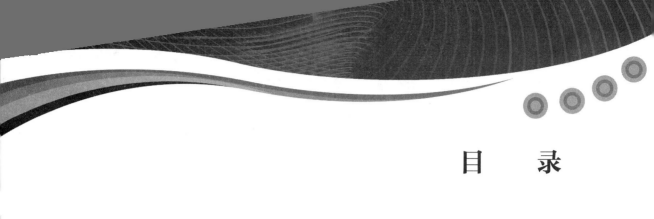

目 录

第1章 文字文档的高级处理

第2章 创意演示文稿的制作

第3章 WPS表格的高级应用

第4章　WPS协作办公

第1章

文字文档的高级处理

WPS 文字作为使用最为广泛的文字处理软件，能帮助我们快速打造结构化文档。通过插入并编排文本、图片、图形、表格、公式等各种元素，定制封面、样式、目录等，设置分页分节、编号、页眉页脚、题注、脚注、尾注等内容，设计出适用于各种场合的文档。WPS 文字的高级应用主要关注的是文档部件及域的使用，文档的批量处理，文档的审阅和修订功能，利用表格等工具对文档进行高效美化和亮化等内容。

学习目标

- 掌握多种剪贴板的使用。
- 掌握公式编辑器的运用。
- 能使用表格协助排版，实现表格的快速计算。
- 掌握修订和审阅功能。
- 能使用邮件合并功能批量处理文档。
- 理解并掌握文档部件——域的使用。
- 掌握商务文档的编写规范。

学习任务

- 多重剪贴板的使用。
- 公式编辑器。
- 表格排版。
- 文档部件的使用。
- 审阅和修订。
- 批量制作——邮件合并。
- 商务文档编写。

1.1　多重剪贴板

多重剪贴板是 WPS 文字中一个非常实用的功能，它能暂存多项复制或剪切的内容，用户可以按需选择并粘贴到指定位置。

1.1.1　多重剪贴板的打开

在 WPS 文字中打开文档，选择"开始"选项卡，单击格式刷下方的"扩展"按钮即可打开剪贴板，如图 1-1 所示。

剪贴板窗口中以列表的形式记录了用户复制的文本或图片等内容，如图 1-2 所示。用户可以将光标置于粘贴位置，单击剪贴板中相应的项目即可实现快速粘贴。

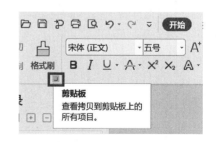

图 1-1　单击"扩展"按钮，打开剪贴板

图 1-2　剪贴板窗口

1.1.2　跨应用独立使用

WPS 剪贴板功能还支持"跨应用独立使用"。只要在 WPS 中开启剪贴板，在桌面右下角便会显示功能图标，如图 1-3 所示。它便会协助你记录复制的内容，支持在任意应用中调出，直接粘贴使用。

图 1-3　桌面右下角的剪贴板

例如，在微信对话界面时，可以调出剪贴板，直接粘贴此前收藏或复制的多个内容。

1.2　公式编辑器

很多时候，我们需要在文档中输入一些公式，这时我们可以利用 WPS 文字的公式编辑器。如图 1-4 所示，单击"插入"选项卡下"公式"按钮的上半部分，或者单击下半部分在"公式"按钮的下拉列表中选择"插入新公式"命令，都可以出现"公式工具"选项卡，进入公式编辑状态。

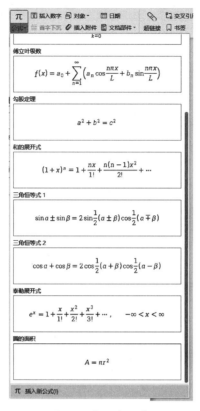

图 1-4　插入新公式

在"公式工具"选项卡中，我们可以找到几乎所有公式的图标文字，以及运算的结构，如图 1-5 所示。

图 1-5　公式工具

下面使用公式工具输入一个公式。

【例 1-1】输入公式 $\cos\dfrac{a}{2} = \pm\sqrt{\dfrac{1+\cos a}{2}}$。

具体步骤如下。

（1）单击"插入"选项卡中的"公式"按钮，进入公式编辑状态，如图 1-6 所示。

图 1-6　公式编辑状态

（2）在"公式工具"选项卡中单击"函数"按钮，如图 1-7 所示，在弹出的下拉列表中选择三角函数"cos"，此时文档中公式变成 cos 。单击"cos"后的虚线框，然后单击"公式工具"中的"分数"按钮，如图 1-8 所示，在下拉列表中选择 $\frac{\square}{\square}$，此时公式变为 $\cos\frac{\square}{\square}$，单击上框，输入"a"，单击下框，输入"2"，公式变成 $\cos\frac{a}{2}$。

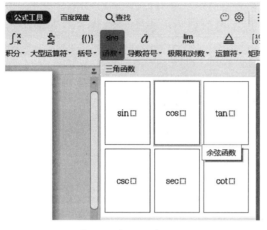

图 1-7　插入函数

图 1-8　插入分数

（3）将光标置于" $\cos\dfrac{a}{2}$ "的后面，注意，不能是分子或分母的后面，而是整个分式的后面，输入"="，再单击"加减符号"，如图 1-9 所示。然后插入根号，如图 1-10 所示。

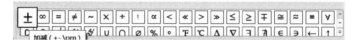

图 1-9　插入加减符号

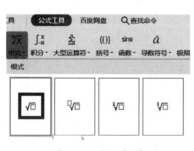

图 1-10　插入根号

在根号框内插入分号，然后在分母框中输入"2"，分子框中输入"1+"，再在后面插入三角函数"cos"，函数框内输入"a"，公式输入完毕。

1.3　表格排版

在使用 WPS 制作文档时，很多时候需要插入表格。而表格的排版是排版中一项较为复杂的技术，必须熟练才能使表格更加美观、醒目。

1.3.1　表格的组成

对于表格设计，首先我们需要了解表格的组成部分。一般普通表格由表题、表头、表体（表身）与表注 4 个部分组成。

如图 1-11 所示，表题概括表中的内容。表头可以分为横表头和纵表头。表体是表格的内容和主题，由若干行组成。表注则是表的说明文字，排在表格下方。

月份	产品一	产品二	产品四	产品五	产品六	产品七
一月	88	98	82	85	82	89
二月	100	98	100	97	99	100
三月	89	87	87	85	83	92
四月	98	96	89	99	100	96
五月	91	79	87	97	80	88
六月	97	94	89	90	89	90

2019 年销售情况表 —— 表题
（表头）
（表体）
注：这是上半年的销售情况，下半年的销售情况。 —— 表注

图 1-11　表格组成

1.3.2　表格的排版举例

在进行某些页面排版时，例如，毕业论文的封面排版，会遇到各种各样的问题，如题目、院系、姓名、学号等无法很好地对齐，填入详细信息时下画线中断或者下画线后移，甚至换行等。这时，我们可以利用表格轻松地解决这些问题。

具体的操作过程如下。

（1）单击"插入"选项卡下的"表格"按钮，插入一个 6 行 4 列的表格。

（2）依次输入各项目标题，如图 1-12 所示。

题　　目：			
学　　院：			
专业班级：			
学生姓名：		学号：	
指导教师：		职称：	
完成时间：			

图 1-12　输入文字后的表格

（3）对一些单元格进行合并：选中要合并的单元格，然后单击"表格工具"选项卡下的"合并单元格"按钮即可，如图 1-13 所示。

（4）调整表格的列宽和行高：调整列宽可以将鼠标指针移到列边框上，此时鼠标指针成为 形状，根据需求拖动边框即可；调整行高可以选中表格，设置"表格工具"选项卡下的"高度"为 1 厘米，如图 1-14 所示。

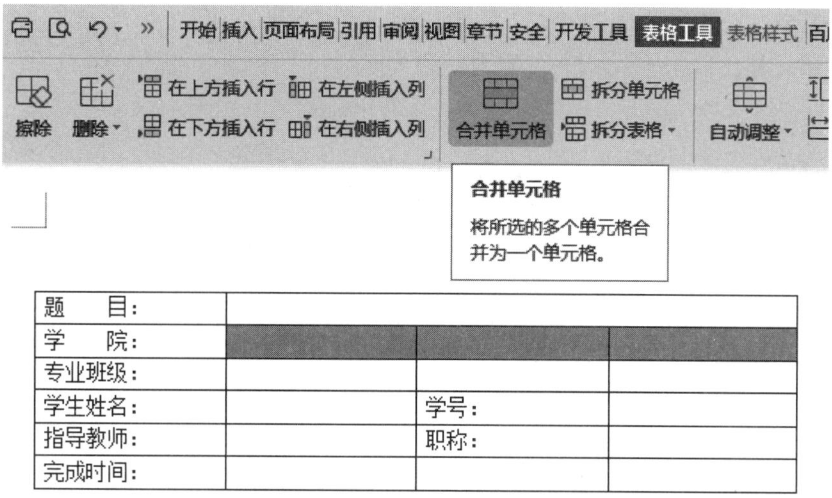

图 1-13　合并单元格

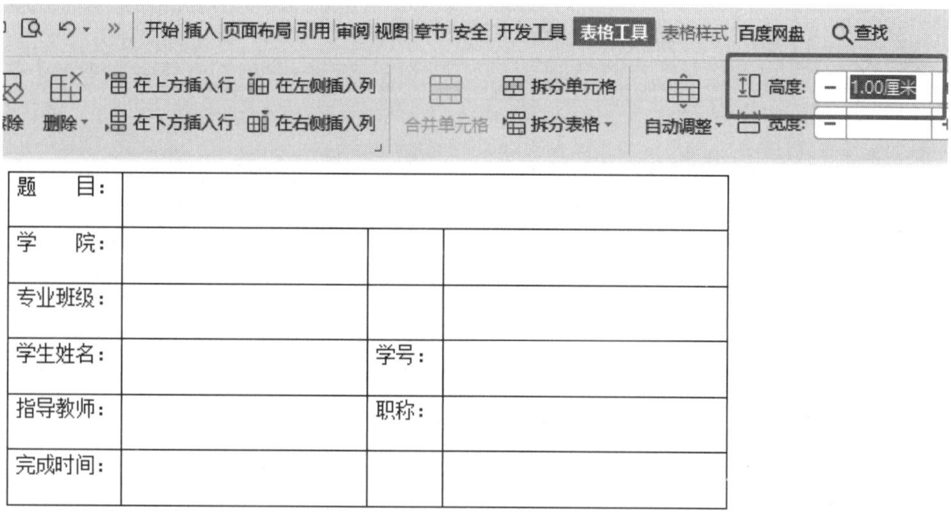

图 1-14　调整列宽和行高

（5）选中表格，单击"表格工具"选项卡下的"对齐方式"按钮，在其下拉列表中选择"水平居中"，使得表内文字在水平、垂直方向上都居中。继续选中表格，单击"表格样式"选项卡下的"边框"按钮，在其下拉列表中选择"无框线"，使得表格无边框，如图 1-15 所示。

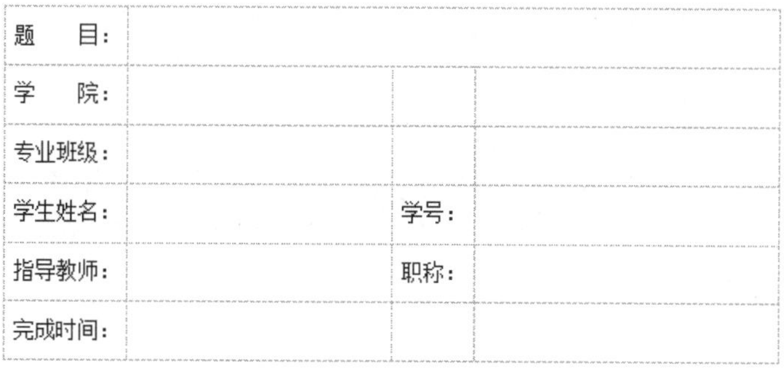

图 1-15　设置表格为无边框格式

（6）为空单元格设置下画线。

选中空单元格，单击"开始"选项卡下的"下画线"按钮，如图 1-16 所示。

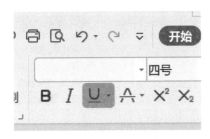

图 1-16　添加下划线

现在我们在空单元格中输入文字。只要输入文字，都会自带下画线，首尾我们可以用空格实现下画线对齐（不论输入多少空格，下画线都不会超出单元格范围，这样就能保证线条对齐）。最终效果如图 1-17 所示。

题　　　目：　　　　宠物领养饲养交流 APP 的设计与实现

学　　　院：　　　　信息学院

专业班级：　　　　计算机科学与技术 171

学生姓名：　　　张三　　　　学　号：　　　201731960105

指导教师：　　　李四　　　　职　称：　　　副教授

完成时间：　　　2021 年 4 月 20 日

图 1-17　最终效果

1.4　表格的计算

WPS 文字也给我们提供了简便的表格计算功能。

如果只是简单的求总和、平均分、最大值或最小值，可以使用快速计算功能。如图 1-18 所示，如求张三的总分，操作步骤如下。

（1）选中求和计算的区域（包括求和项单元格和结果单元格）。

（2）再单击"表格工具"选项卡下的"快速计算"按钮，在下拉列表中选择"求和"命令，即可得到结果。

除"快速计算"外，WPS 文字也提供了"公式"计算功能。例如，以求总分为例，可以先将光标置于张三的总分单元格内，然后单击"表格工具"选项卡下的"公式"按钮，弹出"公式"对话框，如图 1-19 所示。

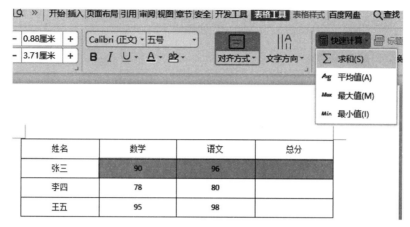

图 1-18　表格"快速计算"功能

图 1-19　"公式"对话框

"公式"对话框主要分为以下两大块。

（1）公式：显示公式的实时状态，用户可以在此文本框内编辑公式。默认此处为"=SUM(LEFT)"，在插入新公式前，我们需要删除默认的公式后再选择或输入新公式，注意保留"="。

（2）辅助：通过选择实现最终的公式表达式。它又分为以下三类。

① 数字格式：用来选择公式计算结果显示的形式，如数字、中文数字等。

② 粘贴函数：用来选择使用的函数，如 ABS、AVERAGE、AND 等。

③ 表格范围：相当于 WPS 表格中的区域范围，设置公式时需要选择对应的计算区域，如 LEFT、ABOVE、RIGHT、BELOW。

事实上，表格计算公式的插入本质上是域的插入。例如，在该例中，我们在"公式"对话框中，先删除"公式"文本框中的公式（保留"="），选择"数字格式"为"0.00"，粘贴函数为"SUM"，表格范围为"LEFT"，得到结果为"186.00"，而当我们将光标置于总分中，按〈Shift+F9〉组合键，就可以看到公式域代码，如图 1-20 所示。

姓名	数学	语文	总分
张三	90	96	{ =SUM(LEFT) \# "0.00" * MERGEFORMAT }

图 1-20　公式域代码

因此，对于其他单元格，我们可以直接将张三的总分选中，复制、粘贴到李四和王五的总分单元格，然后右击李四和王五的总分，在弹出的快捷菜单中选择"更新域"命令，如图 1-21 所示，就能得出李四和王五的总分了。

图 1-21　更新域

【例 1-2】如图 1-22 所示，已知员工的基本工资、生活补助、加班费标准、加班天数，要求使用公式计算"加班费"和"收入总计"，加班费 = 加班费标准 × 加班天数，收入总计为基本工资、生活补助、加班费的总和。

姓名	基本工资	生活补助	加班费标准	加班天数	加班费	收入总计
张三	3000	500	200	3		

图 1-22　原始数据

具体步骤如下。

（1）将光标置于"加班费"下的单元格中，单击"表格工具"选项卡下的"公式"按钮，在"公式"对话框中，删除默认的函数，保留"="，选择粘贴函数为 PRODUCT，然后在"公式"文本框的括号中输入"D2,E2"，其中 D2 表示加班费标准 200，E2 表示加班天数 3，具体如图 1-23 所示，表示 D2*E2，确定后可得到结果 600。

（2）将光标置于"收入总计"下的单元格中，单击"表格工具"选项卡下的"公式"按钮，在"公式"对话框中保留粘贴函数 SUM，在"公式"文本框中 SUM

图 1-23　PRODUCT 公式

函数的括号中输入"B2:C2,F2",如图 1-24 所示。

图 1-24 SUM 函数公式

最后得到计算结果,如图 1-25 所示。

姓名	基本工资	生活补助	加班费标准	加班天数	加班费	收入总计
张三	3000	500	200	3	600	4100

图 1-25 计算结果

1.5 文档部件的使用

我们在编辑文档过程中,需要反复插入一些固定的内容,如个人简介、联系信息、公司介绍等。如果每次都重复输入一次,既麻烦又浪费时间。这时就可以使用 WPS 的文档部件功能,它可以在文档中插入预设格式的文本、自动图文集和域。

如何使用文档部件功能呢?

单击"插入"选项卡下的"文档部件"按钮,可以看到下拉列表中有两项内容:"自动图文集"和"域",如图 1-26 所示。选择"自动图文集"命令,则出现二级菜单,当前内容都是灰色的,这是因为"- 页码 -"等前 4 项内容需要在页眉和页脚中才能引用,最后一项"将所选内容保存到自动图文集库"需要先选定内容才能使用。

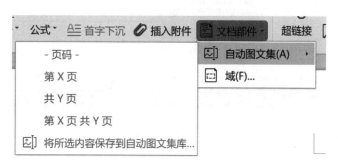

图 1-26 插入文档部件

1.5.1 自动图文集

自动图文集是可存储和反复访问的可重复使用内容，其中主要有两块内容，一是内置的已经设置好格式的页码，二是自定义的图文集。

1. 使用内置页码

双击文档页面最下方进入页脚编辑处，再单击"插入"选项卡下的"文档部件"按钮，在下拉列表中选择"自动图文集"，可以看到，此时可以选择要插入的页码格式，单击合适的页码格式后，文档页脚中就出现了相应的页码，如图1-27所示。

图1-27　使用文档部件插入页码

2. 自定义图文集

我们可以将要经常插入的内容放入自动图文集库中。如图1-28所示，选中图形和文字后，单击"插入"选项卡下的"文档部件"按钮，在其下拉列表中选择"自动图文集"，然后单击"将所选内容保存到自动图文集库"命令。

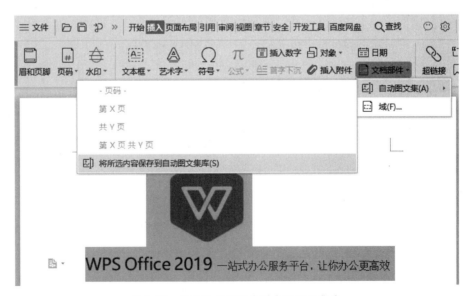

图1-28　将所选内容保存到自动图文集库

此时，会弹出"新建构建基块"对话框，如图1-29所示，在此对其进行命名，如命名为"WPS介绍"，然后单击"确定"按钮，将要反复使用的内容保存下来。

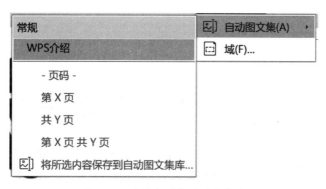

图 1-29　"新建构建基块"对话框

此时就可以发现在"自动图文集"下多了"WPS 介绍"这一栏，如图 1-30 所示，当要使用的时候单击就可以。

图 1-30　已添加到自动图文集库

当关闭文档时，会弹出对话框，如图 1-31 所示，提示"是否保存对'Building Blocks.dotx'的更改？"，选择"是"按钮。这样，创建新的文档后，我们一样可以在"文档部件"→"自动图文集"中找到自定义的"WPS 介绍"，随用随点。

图 1-31　是否保存对"Building Blocks.dotx"的更改

1.5.2 域

WPS 中域就是引导 WPS 在文档中自动插入文字、图形、页码或其他信息的一组功能代码。使用域我们能实现：自动编页码、图表的题注、脚注、尾注的号码；按不同格式插入日期和时间；通过链接与引用在活动文档中插入其他文档的部分或整体；无须重新键入即可使文字保持最新状态；自动创建目录、关键词索引、图表目录；插入文档属性信息；实现邮件的自动合并与打印；执行加、减及其他数学运算；创建数学公式；调整文字位置。

域有两种状态，一种是域代码状态，在此状态下可对代码进行编辑修改；另一种是域结果状态，显示代码运算的结果，如图 1-32 所示。

图 1-32　域结果和域代码

域代码是由域特征字符、域类型、域指令和开关组成的字符串。

以下面域代码为例说明。

```
{ TIME \* MERGEFORMAT }
```

该句域代码的用途是插入当前时间，其中，域特征字符是指包围域代码的大括号 "{}"，它不是从键盘上直接输入的，而是通过按〈Ctrl+ F9〉组合键插入的。

域类型就是域的名称，如上面域代码中的 "TIME"，表示插入的是当前时间。

域指令和开关是设定域类型如何工作的指令或开关，如上面域代码中的 "* MERGEFORMAT" 是通用域开关，意思就是控制域代码的结果在更新时保留原格式。

1. 域的插入

如何使用域呢？主要有以下几种方法。

（1）使用 "域" 对话框。

单击 "插入" 选项卡下的 "文档部件" 按钮，在其下拉列表中选择 "域"，就可以弹出 "域" 对话框。如图 1-33 所示，在 "域名" 栏中选择要插入的域，如选择 "当前时间"，此时在 "域代码" 文本框中自动出现 "TIME"，根据下方的应用举例说明更改域代码中的内容，单击 "确定" 按钮即可插入域。

（2）使用键盘插入域 。

我们也可以直接从键盘上输入并编辑域代码，方法如下。

① 将光标移到待插入域的位置；

② 按〈Ctrl+F9〉组合键，在插入点插入一对域特征字符 "{ }"；

③ 将光标移到这对域特征字符中，输入域类型、开关、域指令等；

④ 按〈F9〉键更新域，按〈Shift++F9〉组合键显示域结果；

图 1-33　"域"对话框

⑤ 如果显示的域结果正确，那么插入域的工作就结束了；

⑥ 如果不正确，按〈Shift+F9〉组合键重新切换到显示域代码状态，修改域代码，直至域结果正确为止。

注意：域代码必须在英文的半角状态下完成输入，域类型和"\"之间有个空格。此外，大括号不能手动输入，只能按〈Ctrl+F9〉组合键来完成。

2. 域的编辑修改和锁定

如果对域结果不满意，可以通过直接编辑域代码，来改变域的行为。按〈Alt+F9〉组合键（作用于整个文档）或〈Shift+F9〉组合键（作用于选定域），可在显示域代码或显示域结果两种形式之间切换，当切换为域代码时，就可以直接编辑域，修改完后，再次按同样的键查看域结果。

如果插入一个域后，不希望随着文档的更新而更新，需要锁定域，有以下两种方法。

（1）暂时锁定域，当需要 WPS 文字更新域内容时，再解除锁定。

锁定域可暂时阻止对域内容的更新，例如，在文档中插入一个日期域，可能在一段时间内不想更新内容，过了一段时间，又需要更新为当前的日期，那么用暂时锁定域的方法就比较适合。若要锁定一个域，则单击该域并按〈Ctrl+F11〉组合键即可；若要解除一个域的锁定，则单击该域并按〈Ctrl+Shift+F11〉组合键即可。

（2）解除域的链接，用当前域结果永久替换域代码。

如果一个域插入文档之后，不再需要更新，可解除域的链接，用当前域结果永久地代替域代码。方法如下：选定需要解除链接的域，按〈Ctrl+Shift+F9〉组合键。解除域的链接后，在文档中显示的文字就是普通文本了，将插入点移到它上面时，不会再出现灰色的域底纹。

3. 域类型

我们看到 WPS 域的种类比较多，下面选择常见的域进行介绍。

（1）公式。

我们可以使用"公式"域，通过设置粘贴函数和数字格式计算不同的结果。如图 1-34 所示，我们在"域名"栏中单击"公式"，"域代码"文本框中即可出现"="符号，然后在"粘贴函数"下拉列表中选择合适的函数，此处我们选择"ABS"函数（取绝对值），"域代码"文本框中则相应变成"=ABS()"，在括号内输入要取绝对值的数，如 123.4，最后可以在"数字格式"下拉列表中选择格式，如选择"0.00"，单击"确定"按钮后，就会在文档光标处看到域结果"123.40"。

选中域结果，按〈Shift+F9〉组合键，则切换成域代码：{=ABS(-123.4)\# "0.00" * MERGEFORMAT}。

图 1-34　域——公式

（2）跳至文件。

HYPERLINK 域就是一个超链接，可以链接文件或网页。例如，按图 1-35 所示的参数设置域,将要跳转的文件地址或网址用引号(英文标点)括起来。

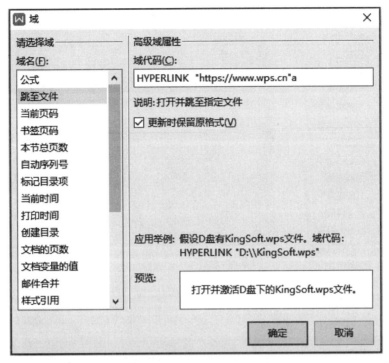

图 1-35 域——跳至文件

单击"确定"按钮后,即可在文档中看到域结果,按住〈Ctrl〉键并单击该链接(http://www.wps.cn),就能打开金山办公页面。如果按〈Shift+F9〉组合键,能看到相应的域代码:{ HYPERLINK "http://www.wps.cn"a* MERGEFORMAT}。

(3)当前页码。

使用 PAGE 域显示当前页,其语法格式为:

$$\{ \text{ PAGE } [\backslash* \text{ Format Switch }] \}$$

其中,* Format Switch 就是 * 格式开关,用于设置页码的显示格式。

如图 1-36 所示,单击"当前页码",就会在"域代码"文本框中显示"PAGE",默认不做任何修改,单击"确定"按钮,可以在光标处看到插入的页码"1"。

如果需要修改页码显示格式,就需要设置域开关。如图 1-37所示,我们修改域代码为"PAGE *Roman",即可将页码显示为罗马序号形式。

另外,使用"插入"选项卡下的"页码"按钮的方式插入页码,如图 1-38 所示,可以在"页码"对话框中设置页码样式,如果用此法插入页码后,同样也能按〈Shift+F9〉组合键编辑域代码,对于页码的编号格式,代码中 * 开关设置会覆盖"页码"对话框中的编号格式。而是否包含章节号、续前节、起始页码等,在域代码中无法设置,只能在对话框中设置。

图 1-36　域——当前页码

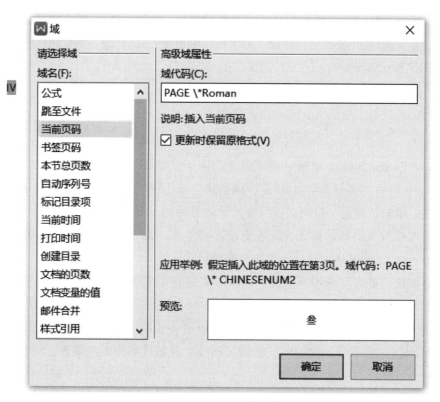

图 1-37　显示罗马格式页码

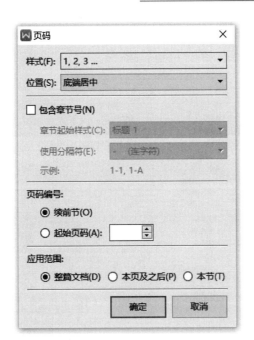

图 1-38　"页码"对话框

（4）书签页码。

使用 PAGEREF 域显示书签页，其语法格式为：

```
{ PAGEREF Bookmark [\* Format Switch ] }
```

其中，Bookmark 就是书签名，* Format Switch 就是 * 格式开关。假如文档中插入了书签 "Mark"，如图 1-39 所示。

图 1-39　插入书签 "Mark"

定位好插入点后，单击 "插入" 选项卡下的 "文档部件" 按钮，在下拉列表中选择"域"选项，在弹出的"域"对话框中，在"域代码"文本框的"PAGEREF"后输入"Mark"，如图 1-40 所示。此时我们可以看到文档中已经插入了书签。

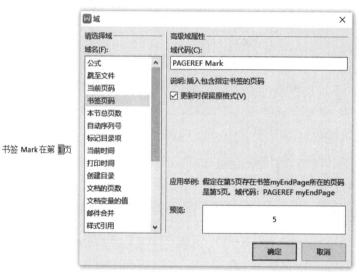

图 1-40　域——书签页码

PAGEREF 可选的域开关如下。

\h：为已添加书签的段落创建超链接。

\p：用于域显示对应源书签的位置。

当 PAGEREF 域不在书签所在页上时，使用字符串"on page #"。当 PAGEREF 域位于书签所在页上时，它将省略"on page #"并仅返回"above"或"below"。

（5）本节总页数。

使用 SECTIONPAGES 域显示当前节的总页数，如图 1-41 所示。同样我们也可以通过域开关设置其格式。

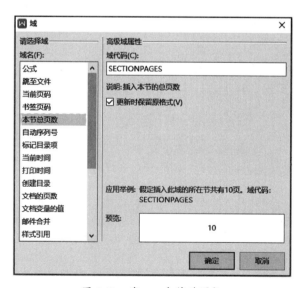

图 1-41　域——本节总页数

（6）自动序列号。

如图 1-42 所示，自动序列号的功能是对文档中的章节、表格、图等其他项目按顺序编号，如果添加、删除或移动一个项目及其相应的 SEQ 域，就可以更新文档中余下的 SEQ 域以得到新的序号。其语法格式为：

```
{ SEQ Identifier [Bookmark ] [Switches ] }
```

其中，Identifier 标识符就是分配给要编号的一系列项目的名称，例如，一系列表的名称可以是"表"。Bookmark 书签用于交叉引用，例如，将某表的 SEQ 字段编号标记为书签 T2，我们就可以用 {SEQ T2} 插入对它的交叉引用。

要在文档中插入 SEQ 域以便给表格等项目编号，最简单的办法当然是使用"引用"选项卡下的"题注"按钮。

而使用域的方式操作如下。

① 输入序号相关文字，如输入"图"。

② 光标定位于序号相关文字（如"图"）后，单击"插入"选项卡下的"文档部件"按钮，在其下拉列表中选择"域"命令，在"域"对话框中选择"自动序列号"，在域代码的"SEQ"后输入序列变量，假定用"图"作为序列变量，如果需要设置序号的格式，可以再添加相应域指令开关（默认为阿拉伯序号）。单击"确定"按钮后，就可以看到序号"1"。

③ 后续还要添加图序列可以继续重复以上操作，注意使用的序号变量必须统一为"图"，这样序号才能自动编号。若序号变量不同，则会重新从 1 开始编号。

图 1-42　域——自动序列号

SEQ 常用的域开关如下。

\c：重复上一个最接近的序列号。这可用于在页眉或页脚中插入章节号。

\h：隐藏字段结果。使用它引用交叉引用中的 SEQ 字段，而不会显示数字。例如，当我们希望引用编号章节，但不显示章节号，就可以使用该开关。

\n：为指定项插入下一个序列号。这是默认选项。

\r n：将序列号重置为指定的编号 n。例如，{ SEQ 图 \r 3 } 表示从 3 开始编号。

\s：重置 "s" 后的标题级别的序列号。例如，{ SEQ 图 \s 2 } 表示在 "标题 2" 处开始重新编号。

（7）标记目录项。

使用 TC 域显示插入目录的标志，其语法格式为：

$$\{ \ TC\ "Text"\ [Switches\ ]\ \}$$

其中，Text 为要显示在目录中的文本。

常用域开关如下。

\f：使用唯一的字母作为类型标识符（每种类型的列表使用 A~Z）。

\l：TC 条目的级别。例如，{TC "条目" \l 3} 用来标记一个级别为 3 的条目。如果未指定级别，默认级别为 1。

\n：用来表示省略条目的页码。

我们经常使用 "大纲级别" "样式目录" 方式快速生成目录。但是有些时候，这两种方式不能生成我们想要的目录，文章中没有明显的目录标题，或者没有段落分界，这时我们就可以使用 "目录项域" 的操作来生成目录。

如何使用 TC 域插入目录？

例如，案例原文如图 1-43 所示。现做一目录，显示 Web1.0、Web2.0、Web3.0 的目录页码。

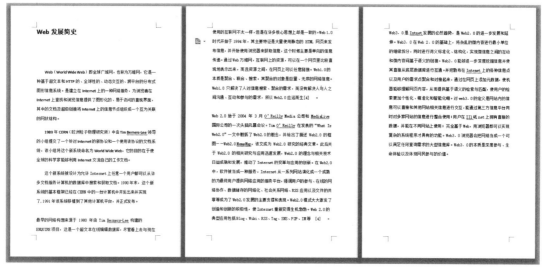

图 1-43 案例原文

操作步骤具体如下。

① 选中 "Web1.0" 文字，复制，光标定位到 "Web1.0" 处，不要选中，单击 "插入" 选项卡下的 "文档部件" 按钮，在其下拉列表中选择 "域"，在 "域" 对话框中选择 "标记目录项"，在右侧 "域代码" 文本框中的 "TC" 留空格后粘贴之前复制的文字，单击 "确

定"按钮后退出，如图 1-44 所示。

② 用同样的方法标记目录项"Web2.0"。

③ 同理标记目录项"Web3.0"。

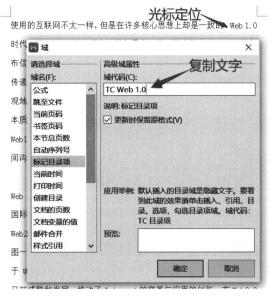

图 1-44　域——标记目录项

④ 将光标定位到要插入目录处，单击"引用"选项卡下的"目录"按钮，在其下拉列表中选择"自定义目录"命令，在弹出的"目录"对话框中单击"选项"按钮，在弹出的"目录选项"对话框中不勾选"样式"和"大纲级别"复选框，勾选"目录项域"复选框，再单击"确定"按钮，如图 1-45 所示。

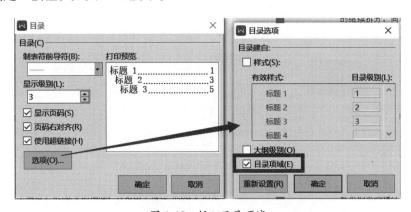

图 1-45　插入目录项域

⑤ 最后可以看到插入的目录效果，如图 1-46 所示。

Web1.0..2

Web2.0..2

Web3.0..3

图 1-46　插入的目录效果

（8）当前时间。

使用 TIME 域显示当前的时间。

单击"插入"选项卡下的"文档部件"按钮，在其下拉列表中单击"域"命令，在"域"对话框中选择域名为"当前时间"，如图 1-47 所示，在右侧"域代码"文本框中可添加时间显示格式，最终显示的结果为 2021/08/29。

图 1-47　域——当前时间

（9）创建目录。

使用 TOC 域创建目录，如图 1-48 所示。

图 1-48　域——创建目录

（10）文档的页数。

显示整篇文档的总页数，使用 NUMPAGES 域。具体操作与上文所述的"页码、节页数"的域操作相同，同样我们也可以通过域开关设置其格式等。

（11）文档变量的值。

使用 DOCVARIABLE 域显示变量的值，语法格式为：

{ DOCVARIABLE "Name" }

其中，Name 指的是文档变量的名称，变量的值需要在 VBA 中定义（需要先下载 "vba_for_wps" 安装 VBA 环境），因此文档必须保存为包含宏的文件。

具体步骤如下。

① 创建 WPS 文档，保存为 "Microsoft Word 宏可用文件（*.docm）"，如图 1-49 所示。

图 1-49　保存为宏可用文件

② 单击 "开发工具" 选项卡下的 "VB 编辑器" 按钮，进入 VBA 环境，单击 "插入" 选项卡下的 "模块" 按钮，在新建的模块中输入如下代码并保存。

```
Private Sub Document_Open()
    Dim yiyou As Variable
    Dim openDoc As Document
    Set openDoc = Word.ActiveDocument
    Dim sss As String
    Dim vs As String
    vs = "1.2.1"
    sss = "Hello VBA"
    With openDoc
        For Each yiyou In .Variables    ' 上面定义的变量被删除，只有下方添加的变量有效
            yiyou.Delete
        Next
        .Variables.Add "mystr", sss    'sss 是局部变量，Variables.Add 才是域中可以访问的变量
        .Variables.Add "Version", vs
    End With
End Sub
```

在以上代码中，Variables 是当前文档的变量的集合，前一次运行后，就会把若干个 Variables 成员加载在文档中，"For Each yiyou In .Variables…Next" 这里是因为在第 2 次加载的时候，由于前面已经把之前的变量加载了，就必须先把它们清除，否则相当于内存中有两个同名的 Variables 成员。代码中定义了两个局部变量 sss 和 vs，而后赋值给文档变量 mystr 和 Version，我们在文档中插入的应该是文档变量 mystr 或 Version。

③ 按〈F5〉键运行代码。

④ 返回文档中，依次单击 "插入" → "文档部件" → "域" 命令，选择 "文档变量的值"，在右侧 "域代码" 文本框的 "DOCVARIABLE" 后输入要添加的变量名，如 mystr，就能在文档中看到插入的域结果，如图 1-50 所示。

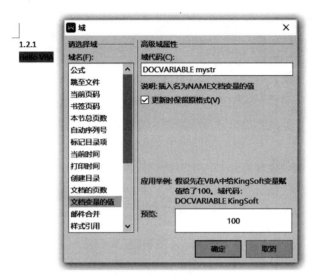

图 1-50　域——文档变量的值

（12）邮件合并。

使用 MERGEFIELD 域插入邮件合并域，语法格式为：

{ MERGEFIELD FieldName [Switches]}

其中，FieldName 就是要插入的合并域字段名。

常用 Switches 域开关如下。

\b：指定在 MERGEFIELD 域之前插入的文本（如果该字段不为空）。

\f：指定在 MERGEFIELD 域之后插入的文本（如果该字段不为空）。

\m：指定 MERGEFIELD 字段是映射的字段。

\v：启用垂直格式的字符转换。

一般我们是通过"邮件合并"下的"插入合并域"命令实现邮件合并的，这将在后面邮件合并内容中介绍。

（13）样式引用。

STYLEREF 域插入一个有样式的内容，特别是在页眉和页脚的插入时，STYLEREF 域会在当前页面的文档正文中显示第一个或最后一个采用指定样式格式的文本。其语法格式为：

{ STYLEREF StyleIdentifier [Switches] }

其中，StyleIdentifier 用于设置要插入的文本格式的样式的名称。样式可以是一个段落样式或字符样式，如果样式名称包含空格，需要用引号括起来。

STYLEREF 常用的域开关如下。

\l：在当前页面上插入使用样式设置格式的最后一个文本（从下到上搜索样式），而不是使用此样式设置格式的第一个文本。

\n：用于显示引用段落的整个段落编号。

\p：使字段使用"above"或"below"书签，显示相对于源字段的位置。

若 STYLEREF 域显示在文档中的书签之前，则其计算结果为"下方"。

若 STYLEREF 字段出现在书签后，则计算结果为"上方"。

若 STYLEREF 字段出现在书签中，则返回错误。

\r：在相对上下文中（或相对于段落编号方案）插入已添加书签的段落的整个段落编号，但不插入尾随句点。

\t：当与 \n、\r 或 \w 开关一起使用时，会导致 STYLEREF 字段取消发送非文本或非数字文本。例如，通过此开关，可以引用"第 1.01 节"，结果中只显示"1.01"。

\w：从文档中的任意位置，在完整上下文中插入已添加书签的段落的段落编号。

例如：{STYLEREF 标题 1 * MERGEFORMAT} 指的是引用使用标题 1 样式的文字。其"域"对话框设置如图 1-51 所示，选择域名"样式引用"，在右侧"样式名"下拉列表中选择"标题 1"，可在"域代码"文本框中看到具体的域代码。

图 1-51　域——样式引用

如果勾选"插入段落编号"复选框，如图 1-52 所示，域代码中随即添加了域开关"\n"，而显示的域结果则是该样式文本的编号。

图 1-52　插入样式编号

（14）插入图片。

INCLUDEPICTURE 域通过文件插入图片，语法格式为：

{ INCLUDEPICTURE "Filename" [Switches] }

其中，Filename 就是图形文件的名称和位置，如果位置包含具有空格的长文件名，需要加引号，用双反斜杠"\\"替换单反斜杠"\"以指定路径。如图 1-53 所示，在文档保存的目录下有一个子文件夹 msy，若要插入 msy 文件夹下的图片"202109.jpg"，则可用相对路径"msy\\202109.jpg"。

图 1-53　域——插入图片

INCLUDEPICTURE 可用的 Switches 域开关如下。

\d：通过不在该文档中保存图形数据减小文件大小。

\c：标识要使用的图形过滤器。

（15）插入文本。

INCLUDETEXT 域通过文件插入文本，语法如下：

{ INCLUDETEXT "FileName" [Bookmark] [Switches] }

其中，FileName 就是文档的名称和位置，如果位置包含具有空格的长文件名，需要加引号，用双反斜杠替换单反斜杠以指定路径；Bookmark 是引用要包含的文档部分 Word 书签的名称。

例如，文本文件 txt.txt 和 WPS 文档在相同目录下，现在我们用域的方式在 WPS 文档中插入 txt.txt 中的内容。此时，只需要在插入点单击"插入"选项卡下的"文档部件"按钮，在其下拉列表中选择"域"命令，在"域"对话框中域名选择"插入文本"，域代码如图 1-54 所示进行设置，即可在插入点看到域结果为 txt.txt 文件中的文本内容"Hello，WPS!"。

（16）文档属性。

WPS 文档有许多描述文档的属性，如文件大小、作者等，要在文档中插入这些属性信息，可以使用 DOCPROPERTY 域。其语法格式为：

{DOCPROPERTY "Name"}

其中，Name 就是属性的名称。可以在"文件"菜单下"文档加密"的子菜单中找到

"属性"命令，如图 1-55 所示，单击后弹出文档属性对话框。

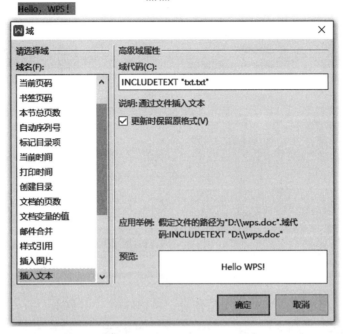

图 1-54　域——插入文本

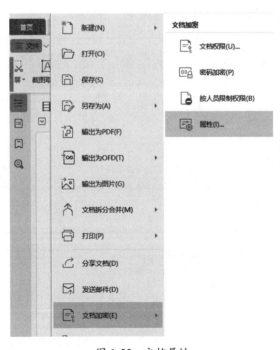

图 1-55　文档属性

如图 1-56 所示，在"摘要"选项卡中可以设置文档的常规信息，如"标题""主题""作者""经理"等，如我们设置文档的"单位"信息为"WPS 之家"。

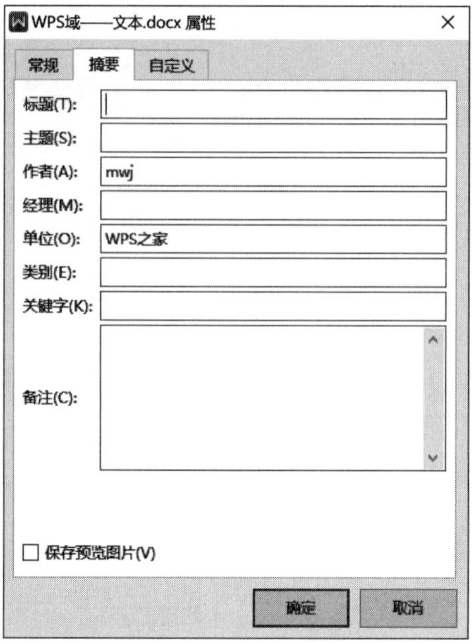

图 1-56　文档属性——摘要

如果需要在文档中插入文档的单位信息，可以在插入点单击"插入"选项卡下"文档部件"按钮，在其下拉列表中选择"域"命令，域名选择"文档属性"，在右侧"文档属性"栏中单击"Company"选项，在"域代码"文本框中显示完整代码，如图 1-57 所示，单击"确定"按钮后文档中即可出现"WPS 之家"域结果。

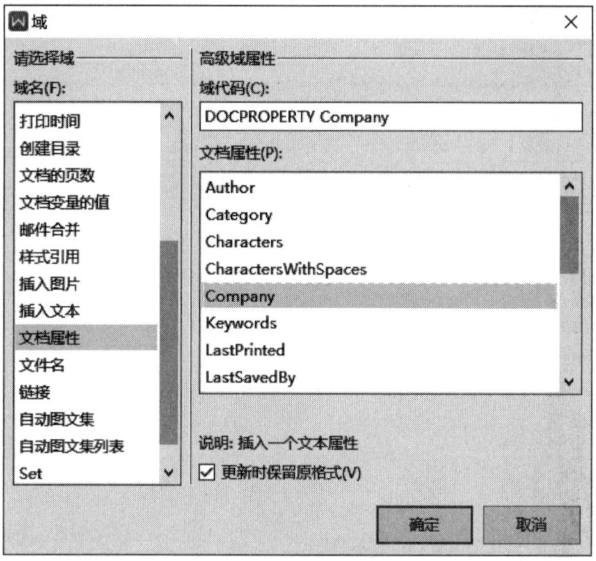

图 1-57　域——文档属性（摘要）

如果需要自定义文档属性，可以单击文档属性对话框的"自定义"选项卡，如图 1-58 所示，在"名称"文本框中输入自定义的属性名，如"newPro"，在"取值"文本框中输入属性值，如"我是自定义的属性"，然后单击"添加"按钮，即可在下方的"属性"栏中看到自定义的 newPro 属性。

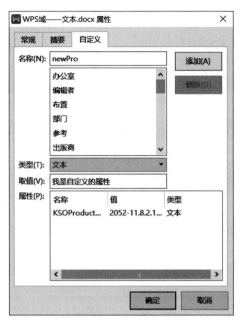

图 1-58　文档属性——自定义

而要插入自定义属性 newPro 的操作方法和之前一样，如图 1-59 所示，在"文档属性"栏中可以找到自定义的属性名 newPro，单击"确定"按钮即可插入。

图 1-59　域——文档属性（自定义）

（17）文件名。

使用 FILENAME 域插入文档的文件名，可以在"域"对话框中设置格式，也可以勾选

"添加路径到文件名"复选框（添加域开关 \p），插入文档的路径和名称，如图 1-60 所示。

图 1-60　域——文件名

（18）链接。

LINK 域使用 OLE 将来自另一个应用程序的信息链接到 WPS 文档，如图 1-61 所示。

图 1-61　域——链接

其语法格式如下：

> { LINK ClassName "FileName" [PlaceReference] [开关] }

其中，ClassName 是链接信息的应用程序类型。例如，对于一个 Microsoft Excel，ClassName 是"Excel"。

FileName 是文件的名称和位置，如果位置包含具有空格的长文件名，请加引号，用双反斜杠替换单反斜杠以指定路径。

PlaceReference 标识要链接的源文件部分，若源文件是工作簿 Microsoft Excel，则引用可以是单元格引用或命名区域；若源文件是 WPS 文字文档，则引用为书签。

常用域开关如下。

\a：自动更新 LINK 字段；删除此开关以使用手动更新。

\b：以位图方式插入链接对象。

\d：图形数据不随文档一起存储，因此减小了文件大小。

\f：设置链接对象的更新方式。

\h：插入链接对象作为文本 HTML 格式。

\p：以图片方式插入链接对象。

\r：以 RTF 格式链接。

\t：以纯文本格式插入链接对象。

\u：将链接对象作为文本 Unicode 插入。

（19）自动图文集。

AUTOTEXT 域用于插入自动图文集词条，语法格式为：

```
{ AUTOTEXT AutoTextEntry }
```

其中，AutoTextEntry 指的是自动图文集项的名称。

例如，前面我们单击"插入"选项卡下的"文档部件"按钮，在其下拉列表中选择"自动图文集"命令，插入了自动图文集"WPS 介绍"，当我们又使用"插入"选项卡下的"文档部件"下拉列表中的"域"命令，选择域名为"自动图文集"，在右侧列表中选择之前创建的自动图文集"WPS 介绍"时，域代码为 {AUTOTEXT WPS 介绍}，如图 1-62 所示。

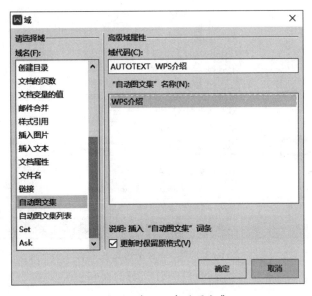

图 1-62　域——自动图文集

单击"确定"按钮后，就可以插入自动图文集"WPS 介绍"。

（20）自动图文集列表。

AUTOTEXTLIST 域用于生成一个自动图文集列表，其语法格式是：

```
{AUTOTEXTLIST "Literal text" \s [Style name] \t ["Tip text"]}
```

其中，Literal text 表示在显示快捷菜单之前在文档中显示的文本。如果文本包含空格，请用引号引起来。Style name 表示要显示在列表中的自动图文集词条样式的名称。Tip text 表示当鼠标指针悬停在屏幕提示结果上时，在文本中显示的文本。

可用的域开关如下。

\s：指定列表将包含基于特定样式的条目。若没有此开关，则显示当前段落样式自动图文集项。若当前样式没有条目，则显示所有自动图文集项。

\t：指定在屏幕提示中显示的文字，以替代默认的提示文字。

例如，假如我们已经创建了两个自动图文集"WPS 介绍""Number2"，现在我们创建一个自动图文集列表：单击"插入"选项卡下的"文档部件"按钮，在其下拉列表中选择"域"命令，在弹出的"域"对话框的域名中选择"自动图文集列表"，如图 1-63 所示，格式可根据需要选择，在"新值"文本框中输入文字"自动图文集菜单"，在"工具提示"文本框中输入文本"右键会显示图文集菜单哦"，单击"确定"按钮，即可在文档中看到域结果文字"自动图文集菜单"，鼠标指针悬停在其上可显示提示文字"右键会显示图文集菜单哦"，右击能看到创建的自动图文集菜单，如图 1-64 所示。

图 1-63　域——自动图文集列表

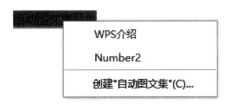

图 1-64   自动图文集菜单

（21）设置域。

Set 域的作用是为书签指定新文字，它可用于邮件合并中。其语法格式为

$$\{SET\ BookMark\ "Text"\}$$

若要在文档中显示信息，则必须插入引用书签的 REF 域。

例如，文档中已创建书签 mark1，单击"插入"选项卡下的"文档部件"按钮，在其下拉列表中选择"域"命令，在"域"对话框中域名选择"Set"，在右侧"书签名称"栏中选择要设置的书签，例如 mark1，在"文字"文本框中输入要设置的新内容"这是书签的新内容"，完整域代码为 {SET mark1 这是书签的新内容 }，如图 1-65 所示。

图 1-65   域——Set

若需要对书签内容进行引用，则需要使用 REF 域。按〈Ctrl+F9〉组合键，在生成的大括号中输入"REF mark1"，也就是完整的域代码为 {REF mark1}，即可在文档中插入 mark1书签的内容"这是书签的新内容"。

（22）Ask。

使用 Ask 域可以弹出一个对话框与用户进行交互。Ask 域代码将提示输入信息，并将用户的响应分配给命名为书签的变量。要在文档中显示信息，必须插入引用书签的 REF 域。每次更新 Ask 域时，WPS 都会提示用户响应，例如，当按下〈F9〉键或在邮件合并中逐页查看记录时。可以在文档中使用 Ask 域，也可以将该域用作邮件合并的一部分。若要在文档内容中显示响应信息，则必须在 Ask 域后插入 REF 域。其语法格式为：

{ ASK Bookmark "Prompt" [Switches] }

其中，Bookmark 即需要提示响应的书签名称，Prompt 就是提示文本，显示在对话框中。

可选开关如下。

\d "Default"：指定当用户没有在对话框中输入应答信息时使用的默认应答信息，或者用于指示用户应该输入的参考信息，需使用半角引号。例如，如用户未输入响应信息，则 {Ask Name "输入姓名的缩写："\d "ZS" } 将 "ZS" 指定给书签 Name。再如，如用户未输入响应信息，则 {Ask Date "请输入日期" \d "{DATE\@ "YYYY-MM-DD" }" } 会将系统当前日期指定给书签 Date。如果不指定默认应用信息，Word 将使用上一次输入的应答信息。若要将空白条目指定为默认值，可在开关后键入空引号，如 \d " "。

\o：用于指定在邮件合并主文档中使用该域时仅显示一次提示信息，而不是每次合并新的数据记录都提示，在生成的所有合并文档中插入相同的响应。例如，在文档中创建表格，在姓名行的第二列插入 Ask 域，设置提示为 "你的姓名？？"，书签名称为 "name"，对提示的默认反应为 "张三"，如图 1-66 所示，单击 "确定" 按钮后就会弹出交互对话框。

图 1-66　域——Ask

然后在后面添加 REF 域，具体域代码如图 1-67 所示。

姓名	{ ASK name 你的姓名？？ \d 张三 * MERGEFORMAT }{ REF name }|
手机	

图 1-67 添加 Ask 和 REF 域

选中单元格按〈F9〉键可以看到弹出的提示框，如图 1-68 所示。

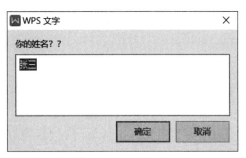

图 1-68 Ask 提示框

如果不修改姓名，单击"确定"按钮，可以看到 REF 域结果，如图 1-69 所示。

姓名	张三
手机	

图 1-69 REF 域结果

（23）EQ 域。

EQ 域主要用于生成数学公式，不过要注意的是 EQ 域无法通过对话框输入，只能手动输入域。一般我们会使用插入公式命令来创建公式，但是 EQ 域中有很多基本的域指令，分别用于表示积分、根号、括号、重叠、上下标及分式等，如果嵌套使用，就可以编排出各种复杂的数理公式。EQ 域的基本格式为：

{ EQ 指令 }

指令用于指定如何使用其后跟随的括号中的元素建立公式，还可以用适当的开关选项来进行修改。EQ 域的开关特别复杂，合理的组合可以产生各类公式。下面我们介绍各种开关的使用。

① 数组开关：\a()，可以在文档中绘制一个二维数组，按照行的顺序将数组元素排列为多列。可以使用下面的选项来修改 \a 开关。

\al：列内左对齐。

\ac：列内居中对齐。

\ar：列内右对齐。

\con：元素排成 n 列（默认值为 1）。

\vsn：行间增加 n 磅的垂直间距。

\hsn：列间增加 n 磅的水平间距。

注意：手动输入域，大括号不能直接用键盘输入，我们可以按〈Ctrl+F9〉组合键插入空白域，然后再在插入的大括号中输入具体的域代码。按〈Shift+F9〉组合键可以在域代码和域结果之间切换。

【例1-3】用EQ域实现数据排列。

域代码：{ EQ \a(102,2,51) }

域结果：

      102
        2
       51

域代码：{EQ \a\al(102,2,51)}

域结果：

      102
        2
       51

域代码：{EQ \a\co3(12,3,45,0,11,2,2,32,6)}

域结果：

12 3 45
 0 11 2
 2 32 6

域代码：{EQ \a\co3\hs15(12,3,45,0,11,2,2,32,6)}

域结果：

12 3 45
 0 11 2
 2 32 6

【例1-4】用EQ域制作日历。

域代码：

```
{ EQ \a\ac\co7\vs2\hs10 (日,一,二,三,四,五,六, ,1,2,3,4,5,6,7,8,9,10,11,12,
13,14,15,16,17,18,19,20,21,22,23,24,25,26,27,28,29,30,31)}
```

域结果：

日	一	二	三	四	五	六
	1	2	3	4	5	6
7	8	9	10	11	12	13
14	15	16	17	18	19	20
21	22	23	24	25	25	26
28	28	30	31			

② 括号开关：\b()，用括号括住元素。如域代码 {EQ \b(\a(101,3,43))}，显示的域结果为：

$$\begin{pmatrix} 101 \\ 3 \\ 43 \end{pmatrix}$$

可以用的参数如下。

\lc*：左括号使用字符 *（* 是通配符，如 {、[、(等)。

\rc*：右括号使用字符 *。

\bc*：左右括号使用字符 *（此为默认设置，且字符默认为 "()"）。

注意：如果指定的字符 * 是 {、[、(或 <，WPS 将使用相应的字符作为右括号。如果指定其他字符，将使用该字符作为相同的左右括号。默认括号为圆括号。

【例 1-5】矩阵的实现。

域代码：{EQ \b\bc\[(\a\co3\vs3\hs8(19,4,22,5,4,23,0,1,90))}

域结果：

$$\begin{bmatrix} 19 & 4 & 22 \\ 5 & 4 & 23 \\ 0 & 1 & 90 \end{bmatrix}$$

③ 分数开关：\f()，可以用来创建分数。分子分母分别在分数线上下居中。如域代码 {EQ \F(4,101)}，显示的域结果为：

$$\frac{4}{101}$$

④ 列表开关：\l()，将多个值组成一个列表，列表可以作为单个元素使用。

列表开关可以使用任意个值组成列表，以逗号或分号分割，这样就可以将多个元素指定为一个元素。如域代码 {EQ \l(A,B,C,D,E)}，显示的域结果为：

A,B,C,D,E

⑤ 重叠开关：\o()，将每个后续元素置于前一元素之上。如域代码 {EQ \o(A B,√ ×)} 的域结果为：

A　B

可以用的参数如下。

\al：左对齐。

\ac：居中对齐。

\ar：右对齐。

【例 1-6】

域代码：{EQ \o\ar(ABC,\s\up8(⌒))}

域结果：

AB͡C

⑥ 根号开关：\r()，使用一个或两个元素绘制根号。格式为 {EQ \r(根指数，被开方数)}。

例如，域代码 {EQ \r(2)} 显示为 $\sqrt{2}$ ，域代码 {EQ \r(s,2a+b)} 的域结果为：
$$\sqrt[s]{2a+b}$$

⑦ 上下标开关：\s()，将元素设为上标或下标字符。可以将一个或多个元素设置为上标或下标。每个 \s 代码可以有一个或多个元素，以逗号隔开。如果指定多个元素，则元素将堆叠起来并且左对齐。

可用参数如下。

\ain：在段落一行之上添加由 n 指定的磅数的空白。

\upn：文字上移由 n 指定的磅数，默认值为 2 磅。

\din：在段落一行之下添加由 n 指定的磅数的空白。

\don：将单个元素相对相邻文字下移由 n 指定的磅数（默认 2 磅）。

【例 1-7】上下标开关使用。

域代码：{EQ X\s(m,n)}

域结果：x_n^m

域代码：{EQ C\s(3)\s\do8(12)}

域结果：C_{12}^3

⑧ 框开关：\x()，在元素四周绘制边框。例如，域代码 { EQ \x(12345678)} 的域结果为：

$$\boxed{12345678}$$

可用的参数如下。

\to：在元素上面绘制一个边框。

\bo：在元素下面绘制一个边框。

\le：在元素左边绘制一个边框。

\ri：在元素右边绘制一个边框。

【例 1-8】框开关使用。

域代码：{EQ \x\to(AB)}

域结果：$\overline{AB}$

4. 域开关

通用域开关是一些可选择的域开关，用来设定域结果的格式或防止对域结果格式的改变，大多数域可以应用如下 4 个通用域开关。

格式开关 (*)：设定编号的格式、字母的大写和字符的格式，防止在更新域时对已有域结果格式的改变。

日期 / 时间开关 (\@)：对含有日期或时间的域使用该开关，可以设置域结果中日期或时间的格式。

数字显示方式开关 (\#)：指定数字结果的显示格式，包括小数的位数和货币符号的使用等。

锁定域结果开关 (\!)：使用锁定域结果开关，可以防止更新由书签、INCLUDETEXT或 REF 域所插入文本中的域。

下面具体讲解前 3 种通用域开关，锁定域结果开关由读者自行学习，暂不示例。

（1）格式开关。

域的格式开关是定义域结果的文本如何显示，这个开关的代码是 *。* 后面加上相应的参数就可以控制域结果的显示，参数的使用方法如下。

1）大小写域开关。

* Caps：使域结果的每个单词的首字母大写，当然其对中文是没有效果的。

* FirstCap：使域结果的第一个单词的首字母大写。

* Upper：使域结果的所有字母都大写。

* Lower：使域结果的所有字母都小写。

【例 1-8】有一书签名为"新年快乐"，其书签内容是"Happy new year"，请用域输出书签内容，要求输出格式是所有字母大写。

具体操作如下。

① 按〈Ctrl+F9〉组合键，插入输入域的大括号。

② 在大括号内输入域名称、域参数等：{ REF "新年快乐" *Upper}。

③ 右击选择"更新域"命令，查看域结果，如图 1-70 所示。

书签"新年快乐"的内容: Happy new year

HAPPY NEW YEAR

图 1-70　域结果

2）转换成字母。

*alphabetic：将域结果显示为小写字母。

*ALPHABETIC：将域结果显示为大写字母。

数字转换为字母的规则：1 为 a，2 为 b，……26 为 z，27 则是 aa，28 是 ab，以此类推。

【例 1-9】有一书签名为"编号"，其书签内容为"1"，请用域输出书签内容，要求输出格式是字母小写。

具体操作如下。

① 按〈Ctrl+F9〉组合键，插入输入域的大括号。

② 在大括号内输入域名称、域参数等：{ REF "编号" * alphabetic }。

③ 右击选择"更新域"命令后，按〈Alt+F9〉组合键查看域结果，如图 1-71 所示。

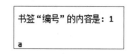

书签"编号"的内容是: 1

a

图 1-71　域结果

WPS 办公应用（高级）

同理，28 显示为 ab，52 显示为 zz。

注意：域结果必须是数字，或者开头含有数字，否则开关不起作用；域结果开头含有数字，仅将该数字进行转换显示，如 5g2 显示为 e。

3）数字格式开关。

数字格式开关如下。

*Arabic：将域结果显示为阿拉伯基数，注意这里是基数，是不含小数的。若域结果为小数，则只显示整数部分。

*ArabicDash：仅针对页码，该格式将域结果显示为前后带连字符的阿拉伯基数。

*CardText：将域结果显示为英文基数，如 One, Two, Three 等。

*Hex：将域结果显示为十六进制数字。

*OrdText：将域结果显示为英文序数文本，如 First, Second, Third 等。

*Ordinal：将域结果显示为序数阿拉伯数字，如 1st, 2nd, 3rd, 等。

*Roman：将域结果显示为罗马数字，如 I, II, III 等。

*ChineseNum1：将域结果显示为中文小写数字。

*ChineseNum2：将域结果显示为中文大写数字。

*ChineseNum3：将域结果显示为中文小写数字。

【例 1-10】533 是一个名为"序号"的书签所代表的内容，有如下关系。

{ REF 序号 *CardText} 表示 Five hundred thirty-three。

{ REF 序号 *Ordinal} 表示 533rd。

{ REF 序号 *Roman} 表示 DXXXIII。

{ REF 序号 *ChineseNum2} 表示伍佰叁拾叁。

{ REF 序号 *ChineseNum3} 表示五百三十三。

（2）日期/时间开关。

日期/时间开关用于指定日期或时间的显示格式，如{ DATE \@ "yyyy 年 M 月 d 日星期 w"}显示的结果是"2021 年 9 月 3 日星期五"。组合后面介绍的日期和时间指令格式可以创建日期/时间格式：日（d）、月（M）、年（y）、小时（h）和分钟（m）等，还可以包含文本、标点符号和空格等。

① 日（d）。

字母 d 是显示月份中的日期或一个星期中的某一天，可以大写或小写。

d：将某个星期或月份的某一天显示为数字，对于单位数的日期，数字前不加 0，如"6"。

dd：将某个星期或月份的某一天显示为数字，对于双位数的日期，数字前加 0，如"06"。

ddd：将某个星期或月份的某一天显示为 3 个字母缩写或中文缩写。例如，周二是"二"。

dddd：将一个星期中的某一天显示为全名。例如，周二是"星期二"

042

② 月（M）。

注意，这里的 M 必须大写，以便和分钟区分开来，它主要有以下 4 种格式。

M：将月份显示为数字，对于单位数的月份，数字前面不加 0。例如，6 月显示为 "6"。

MM：将月份显示为数字，对于双位数的月份，数字前面加 0。例如，6 月显示为 "06"。

MMM：将月份显示为 3 个字母的缩写或中文缩写。例如，6 月显示为 "Jun" 或 "六"。

MMMM：将月份显示为全名。例如，6 月显示为 "六月"。

③ 年（y）。

字母 y 将年份显示为 2 位或 4 位数字，可以大写或小写。

yy：将年份显示为 2 位数字。例如，1909 年显示为 "09"。

yyyy：将年份显示为 4 位数字。例如，2022 年显示为 "2022"。

④ 小时（h）。

小写字母 h 使用 12 小时制的时间，大写字母 H 使用 24 小时制的时间。

h 或 H：对于单位数的小时，数字前不加 0。

hh 或 HH：对于双位数的小时，数字前加 0。

⑤ 分钟（m）。

注意，字母 m 必须小写。

m：显示分钟，对于单位数的分钟，数字前不加 0。

mm：显示分钟，对于双位数的分钟，数字前加 0。

⑥ 秒（s）。

字母 s 用于显示秒数。

s：显示秒数，对于单位数的秒数，数字前不加 0。

ss：显示秒数，对于双位数的秒数，数字前加 0。

⑦ 星期（w）。

字母 w 用于显示星期。

w：显示表示星期的中文数字。例如，星期六显示为 "六"。

ww：显示用 "周几" 表示的星期名称。例如，星期六显示为 "周六"。

www：显示星期全名。

【例 1-11】显示当前日期和时间。

域代码：

　{DATE \@ "现在是北京时间：yyyy 年 M 月 d 日 星期 w HH 时 mm 分 ss 秒"}

域结果：

　　　　现在是北京时间：2021 年 9 月 4 日　星期六　09 时 39 分 37 秒

（3）数字显示方式开关。

数字显示方式开关主要用来设置数字的显示方式。

例如：

域代码：{=4+5 \# "00.00"}　　　域结果：09.00

域代码：{=4004+500 \# "￥#,##0.00;(￥#,##0.00)"} 域结果：￥4,504.00

1.6　审阅和修订

在文档的制作过程中，当需要别人对你的文章进行审阅和修订时，可使用 WPS 文字软件中的审阅功能将修改操作记录下来，就可以看到审阅人对文件所做的修改，进而确定是否保留修改。下面我们来了解文档审阅中的相关操作。

1.6.1　拼写检查

WPS 中提供了拼写检查功能，可以在一定程度上减少用户键入英文单词时的失误。

打开文档后，我们可以单击"审阅"选项卡下的"拼写检查"按钮，弹出"拼写检查"对话框，如图 1-72 所示。在"检查的段落"栏中会标出检查处的错误，并以红色字体显示拼写错误的文本。在"更改建议"栏中显示了一些正确的单词供我们选择，当然我们也可以在"更改为"文本框中直接输入正确的单词，确认无误后，单击"更改"按钮。

图 1-72　"拼写检查"对话框

文档检查完成后，就会自动弹出提示框，如图 1-73 所示，单击"确定"按钮，就完成了拼写检查操作。我们也可以通过按〈F7〉键实现对文件的快速拼写检查。要注意，目前WPS 文字软件只支持英文的拼写检查。

图 1-73　检查完成提示

1.6.2　批注

我们在阅读文章时经常会把读书感想、疑难问题随手批写在书中空白处，以帮助理解、深入思考。同样，WPS 中可以通过插入批注实现在不改动原文的基础上，添加备注说明。

1. 批注的插入

批注的插入过程如下。

选中要插入批注的文字，然后单击"审阅"选项卡下的"插入批注"按钮，如图 1-74 所示。

图 1-74　插入批注

此时，选中的文字会呈现彩色背景状态，虚线指向的页面右侧出现批注框及批注人，可在批注人下方写入要添加的说明文字，批注效果如图 1-75 所示。

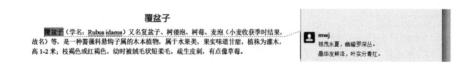

图 1-75　批注效果

2. 批注的删除

如果批注内容错误，如何删除？可以将光标置于要删除的批注内容中，再单击"审阅"选项卡下的"删除"按钮，在其下拉列表中选择"删除批注"命令将该条批注删除，如图 1-76 所示；也可以选择"删除文档中的所有批注"命令将文中所有批注删除；或者也可以单击批注内容右侧的"编辑"按钮（ 图标），选择"删除"命令即可删除该批注。

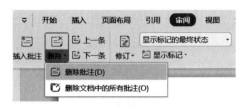

图 1-76　删除批注

3. 批注的答复

单击批注内容右侧的"编辑"按钮，可以选择是答复还是解决还是删除此批注。例如，我们选择"答复"命令，就可以在下方输入答复文字，如图 1-77 和图 1-78 所示。

图 1-77　答复批注

图 1-78　输入答复文字

如果此批注问题已经解决，可以选择"解决"命令，之后，批注就处于已解决的状态，如图 1-79 所示。

图 1-79　批注已解决

1.6.3　修订

当我们在给别人检查文档（如批阅论文）时，需要让他知道我们更改了哪些地方，这时就需要用到修订模式。

1. 开启修订状态

单击"审阅"选项卡下"修订"按钮图标的上半部分，使修订处于选中状态，如图 1-80 所示。在修订状态下，对文档进行的更改，不论是删除内容还是修改格式，文档都会直接显示出来。

图 1-80　修订状态

例如，我们对文章进行如下修改：增加了"覆盆子"3 个字，段落格式做了首行缩进 2 个字符的修改，删除了"或疏生柔毛"5 个字。如图 1-81 所示，所做的修改在文中及右侧批注框中显示出来。

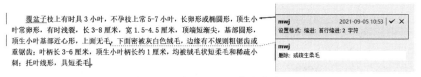

图 1-81　修订后显示修改内容

在"审阅"选项卡下的"显示标记状态"下拉列表中选择设置修改的标记如何显示。如图 1-82 所示，这里如果选择"原始状态"命令，文档就会显示在修改之前的状态，如果选择"最终状态"命令，就会显示修改之后的状态，这两种状态都不显示修订痕迹。

图 1-82　显示标记

也可以单击"修订"按钮图标的下半部分，在其下拉列表中选择"修订选项"命令，如图 1-83 所示，然后在弹出的"选项"对话框中，左侧列表选择"修订"选项，然后在右侧"批注框"栏中设置标记和批注框的格式。

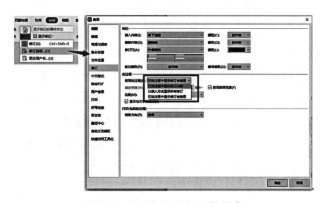

图 1-83　设置标记及批注框格式

2. 接受或拒绝修订

前面我们说的显示标记改为"最终状态"，会看到修改之后的状态。但要注意，这时的状态只是对你自己有效，而对其他用户无效。也就是说，你自己看似乎是已经完全修改了文档，但是如果发送给其他人，对方看到的都是一个处于标记状态的文档。所以对于修订，我们最终应该选择接受修订或拒绝修订。

如图 1-84 所示，我们可以在批注框中某项批注的右上方单击√表示接受修订，单击×表示拒绝修订；也可以单击"审阅"选项卡下的"接受"和"拒绝"按钮来表示，在这里还可以选择是否接受所有的格式修订等，如图 1-85 所示。

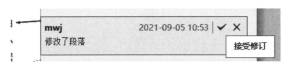

图 1-84 批注框中接受修订

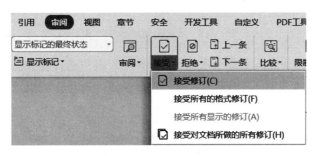

图 1-85 选项区接受修订

3. 自动修订状态

通常我们的文档交给审阅者，是希望看到审阅者在哪里做了修改，并且希望对方能以修订的方式来提醒我们。但如果对方不清楚修订的使用，直接拿着我们的文档进行了修改，等我们把文档拿回来的时候，就无法知道对方修改的地方。此时我们可以设置文档的自动修订状态，记录下审阅者对文档的每一个操作。

如何设置文档的自动修订状态呢？

单击"审阅"选项卡下的"限制编辑"按钮，此时在软件右侧会显示"限制编辑"窗格，如图 1-86 所示，勾选"设置文档的保护方式"复选框，在下方选中"修订"选项，最后单击"启动保护"按钮，此时可以为我们的文档添加一个取消保护用的密码。

之后，我们会发现文档自动进入了修订状态，而且我们也无法再次单击"修订"按钮退出修订状态。这样，不论是谁拿到了我们的文档，只要他做了修改，所做的修改就会以修订的形式出现。当我们把文档拿回来以后，可以在"限制编辑"窗格中选择"停止保护"命令，然后输入密码，就可以对文档增加的修订部分选择接受或拒绝了。

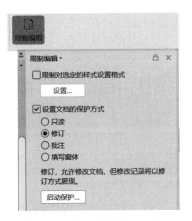

图 1-86　设置文档保护方式

1.6.4　比较文档

如果文档做好后，在发送给其他人的时候我们忘记开启自动修订状态，或者忘记开启保护状态，那我们如何知道对方是否做了修改，哪些地方做了修改，又做了什么样的修改呢？这时，我们可以用 WPS 中的比较文档功能。

具体步骤如下。

（1）打开原文档，然后单击"审阅"选项卡下的"比较"按钮，选择"比较"命令，如图 1-87 所示。

图 1-87　"比较"下拉菜单

（2）在弹出的"比较文档"对话框中，分别选择原文档和修订的文档，并在"修订者显示为"文本框中填写相关信息，如图 1-88 所示。

图 1-88　原文档和修订的文档

（3）填好后，单击"确定"按钮，这时会生成一个新文档，它既不是原始文档，也不是修改后的文档。如图 1-89 所示，新文档中显示了修改文档对原始文档的一些修订内容，我们可以选择接受或拒绝这些修订。

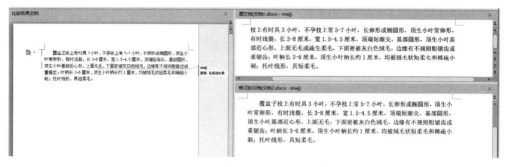

图 1-89 比较文档

本节中介绍的批注和修订，能实现用户之间方便地传送修改文档，而比较文档功能，则能帮助我们比较相似文档的不同之处，我们再也不用担心文档被修改却不知修改何处了。

1.7 批量制作的利器——邮件合并

邮件合并是 WPS 文字中非常实用的一个功能。学生证、成绩单、邀请函等这些大批量的制作都可以使用邮件合并功能一键生成，那么什么是邮件合并呢？如何使用邮件合并功能呢？下面我们通过一个案例来介绍邮件合并。

1.7.1 案例说明

为了便于管理，知行科技公司要为每位员工制作工作证，证件中需要显示员工姓名、工号等信息，还需要附上员工的照片。如果一个一个添加，那是一件很麻烦的事，有没有简便的方法呢？

WPS 文字提供邮件合并功能，该功能是批量制作的利器。下面使用邮件合并功能制作工作证。

工作证一般分为正反面，正面用于显示个人信息，反面可以显示公司二维码等信息，便于宣传。每张工作证的格式都是一样的，唯一的区别就是员工的信息。因此我们可以设计一个工作证的样本文件，再使用邮件合并功能将员工信息以域的形式插入，域是可变化的数据，工作证就会自动根据员工信息变换。

1.7.2 案例目标

通过此案例，我们将完成以下教学目标。

（1）设计工作证样本文档。

① 设计工作证的背景。

② 设计工作证的正面格式。

③ 设计工作证的反面内容，包括公司二维码、工作证使用注意事项。

（2）创建公司信息表。

（3）利用公司信息表和工作证样本文档合并生成工作证。

最终生成效果如图 1-90 所示，工作证中姓名、职位、工号以及照片部分是可变化的，其他部分如背景、二维码、注意事项以及其他文字都是一样的。

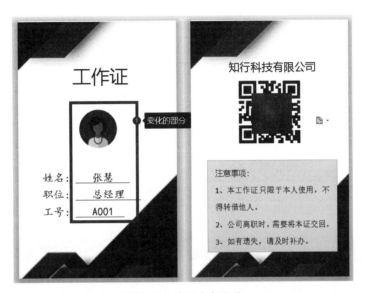

图 1-90　最终生成效果

同时，通过案例制作，体会现代化办公技术为我们学习工作带来的便利性；通过二维码等自动生成操作，了解 WPS 作为国产软件的本土化优势。

1.7.3　操作过程

1. 设计工作证的正反面

（1）页面设置。

打开 WPS 文字，新建文字空白文档，命名为"工作证 .docx"。单击"页面布局"选项卡下的"纸张大小"按钮，选择"其他页面大小"命令，在弹出的"页面设置"对话框的"纸张"选项卡下设置纸张大小为"自定义大小"，并输入宽度为 5.4 cm，高度为 8.6 cm。不关闭对话框，单击"页边距"选项卡，设置上下左右页边距均为 0 cm，如图 1-91 所示。

（2）单击"页面布局"选项卡下的"分隔符"按钮，选择"分页符"命令，使文档为两页。其中第一页用于设计工作证正面内容，第二页用于设计反面内容，如图 1-92 所示。

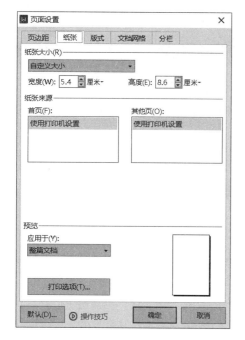 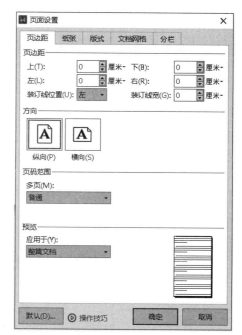

图 1-91　改变纸张大小以及设置页边距

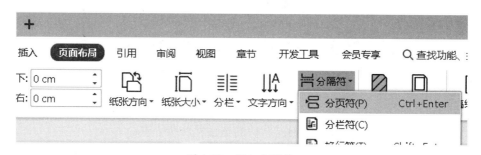

图 1-92　插入分页符

（3）设置背景。

在 WPS 中一般用"页面布局"选项卡下的"背景颜色"按钮下的"图片"命令添加背景图片，此处也可以在页眉和页脚中插入背景图片。

单击"插入"选项卡，选择"页眉和页脚"按钮，进入页眉和页脚的编辑状态。单击"页眉页脚"选项卡下的"图片"按钮，在弹出的下拉列表中选择"本地图片"命令，如图1-93 所示，选择要插入的图片"back.png"。

图 1-93　在页眉中插入图片

选中图片，用鼠标左键拖拉图片边缘的圆形控制圈，将图片拖放成页面大小，单击"图片工具"选项卡下的"环绕"按钮，选择"衬于文字下方"命令，如图 1-94 所示，拖移图片，将其覆盖整个页面。最后，单击"页眉页脚"选项卡下的"关闭"按钮，退出页眉页脚编辑状态，可以看到图 1-95 所示的效果。

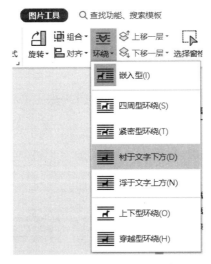

图 1-94　设置图片环绕方式

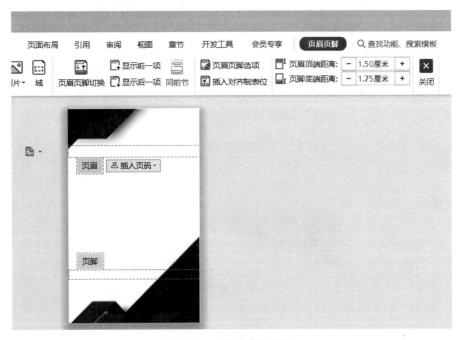

图 1-95　图片最终效果

（4）输入正面各个内容。

① 单击"插入"选项卡下的"文本框"按钮，在下拉列表中选择"横向"命令，如图 1-96 所示，此时鼠标指针变为"+"，在页面中的合适位置按住鼠标左键拖拉绘制出文本框

的大小，输入文字"工作证"，设置字体为"微软雅黑"，字号为"小二"。

图 1-96 预设文本框

在"文本工具"选项卡下单击"形状填充"按钮，在下拉列表中选择"无填充颜色"命令。同样单击"形状轮廓"按钮，在下拉列表中选择"无边框颜色"命令，如图 1-97 所示。

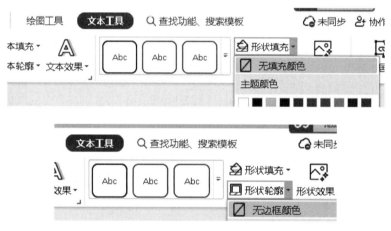

图 1-97 设置文本框无填充及无边框

② 用同样方法绘制一个文本框，用于放置照片。同样设置文本框无填充颜色和无边框颜色，如图 1-98 所示。

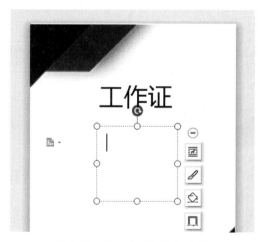

图 1-98 插入放照片的文本框

③继续绘制文本框，输入"姓名"，在文本后添加下画线，同样输入其他内容，并设置文本框无填充颜色和无边框颜色，如图 1-99 所示。

图 1-99 输入其他文字

（5）设计反面内容。

① 输入公司名称。插入文本框，设置无填充颜色和无边框颜色，输入公司名称或插入公司 Logo。

② 插入公司二维码。

在"插入"选项卡中单击"更多"按钮，在下拉列表中选择"二维码"命令，打开"插入二维码"对话框。在"输入内容"文本框中输入公司网址，右侧会显示出对应的二维码，如图 1-100 所示。

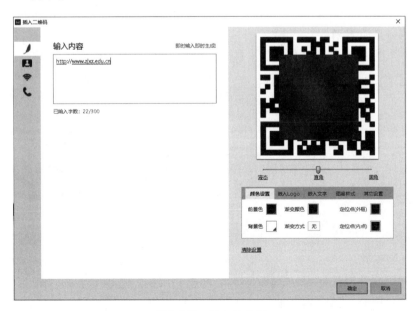

图 1-100 插入二维码

③ 输入其他内容。

插入文本框，输入其他内容，并根据需要设置文本框的背景颜色和边框颜色，如图 1-101 所示。

图 1-101 输入其他文字内容

2. 使用邮件合并批量生成工作证

根据以上步骤，我们已经制作好了工作证的格式和通用内容，接下来需要输入员工的姓名、职位、工号，并插入员工的照片。这时可以使用 WPS 中的邮件合并功能。

（1）创建数据源表格。

新建一个 WPS 表格，命名为"员工信息 .xlsx"，输入图 1-102 所示的内容。注意：图片地址需要根据本机上的图片地址设置，必须为绝对地址，地址分隔符使用"\\"。

	A	B	C	D	E	F	G	H	I	J
1	工号	姓名	职位	照片						
2	A001	张慧	总经理	C:\\Users\\win10_edu\\Desktop\\wps\\photo\\A001.png						
3	A002	李强	副总经理	C:\\Users\\win10_edu\\Desktop\\wps\\photo\\A002.png						
4	A003	吴天	员工	C:\\Users\\win10_edu\\Desktop\\wps\\photo\\A003.png						
5	A004	柳七	员工	C:\\Users\\win10_edu\\Desktop\\wps\\photo\\A004.png						
6										

图 1-102 创建表格

（2）打开数据源。

回到之前创建并设计好的 WPS 文档中，单击"引用"选项卡下的"邮件"按钮，激活邮件合并功能，如图 1-103 所示。

图 1-103　激活邮件合并功能

　　在"邮件合并"选项卡下单击"打开数据源"按钮，如图 1-104 所示，在弹出的对话框中选择前面创建的"员工信息 .xlsx"。

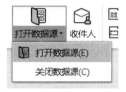

图 1-104　打开数据源

　　（3）插入合并域。

　　将光标置于"姓名"后，单击"邮件合并"选项卡下的"插入合并域"按钮，在弹出的"插入域"对话框中，选择"姓名"选项，单击"插入"按钮，如图 1-105 所示。

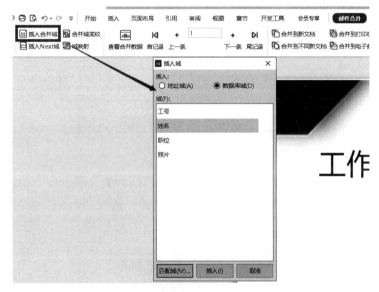

图 1-105　插入合并域

同样插入"职位"域和"工号"域，效果如图 1-106 所示。

图 1-106　插入合并域后的效果

（4）插入照片。

光标置于要插入照片的文本框中，单击"插入"选项卡下的"文档部件"按钮，选择"域"命令，在弹出的"域"对话框中选择"插入图片"选项，在域代码中已有的"INCLUDEPICTURE"后输入任意字母，如图 1-107 所示。

图 1-107　插入图片

此时图片无法显示。通过按〈Shift+F9〉组合键切换为域代码，选中代码中之前输入的任意字母（要将其替换掉），单击"插入合并域"按钮，选择"照片"选项，单击"插入"按钮，如图 1-108 所示。

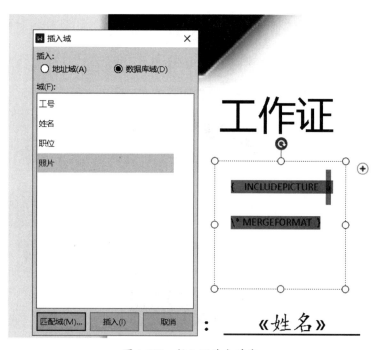

图 1-108　插入照片合并域

3. 合并生成新文档

单击"邮件合并"选项卡下的"合并到新文档"按钮，如图 1-109 所示，选择"全部"命令。

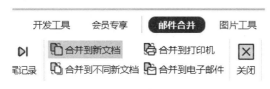

图 1-109　合并到新文档

最后生成所有员工的工作证信息。如果照片无法显示，可以选中照片，按〈F9〉键即可。最终效果如图 1-110 所示。

图 1-110　最终效果

1.7.4　知识小结

1. 邮件合并

邮件合并的使用必须有两个文件，一个是数据源，另一个是样本文档。

数据源一般是一张表格，其中包含了需要用到的所有变化量的信息。要注意，表格的第一行必须是标题行，这样才能根据标题插入域。

样本文档中显示了所有成员都相同的公共信息。

我们需要使用邮件合并将数据源和样本文档联系起来，两者共同生成一个新的文档。

2. 插入二维码

在现代科技生活中，二维码被广泛应用，如收费、APP 下载、网址登录等。WPS 作为一款国产软件，更贴合国人的使用习惯，为我们提供了二维码的插入功能。

单击"插入"选项卡下的"更多"按钮，可以看到"二维码"选项，如图 1-111 所示，单击即可弹出"插入二维码"对话框。

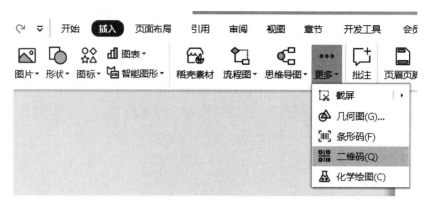

图 1-111　插入二维码

（1）文本。

如图 1-112 所示，在"输入内容"文本框中可以输入文字内容，如网址，右侧即可自动生成相应二维码。

图 1-112　文本二维码

（2）名片。

如果需要制作名片二维码，可以选择"名片"选项，如图 1-113 所示，输入姓名、电话、QQ、电子邮箱等信息，可以对应生成二维码。

图 1-113　名片二维码

（3）WiFi。

如图 1-114 所示，选择 WiFi 选项，输入网络账号和密码，即可生成 WiFi 二维码，扫码即可连接 WiFi。

图 1-114　WiFi 二维码

（4）电话号码。

输入电话号码后，也可以生成相应的二维码，如图 1-115 所示。

图 1-115　电话号码二维码

（5）二维码的设置。

生成二维码后，还可以对二维码进行设置，如图 1-116 所示。修改前景色、背景色、渐变方式以及渐变颜色等，可以生成彩色二维码，也可以嵌入 Logo、嵌入文字等。

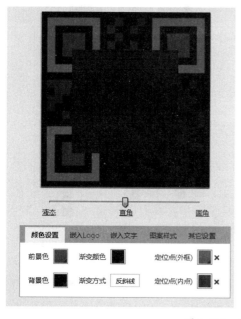

图 1-116　二维码的设置

1.8　商务文档编写

在工作生活中，我们会编写各种各样的文档，如会议通知、邀请函、介绍信、公函、合同、宣传册、工作计划等，通过之前介绍的有关文字、段落、图片、表格、样式、题注、分页分节、页眉页脚等内容，我们完全能够编排出符合要求的文档。本节主要从整体角度出发，通过两种文档的编写来介绍完善文档的一些技巧。

1.8.1　公文文档编写

为推进党政机关公文处理工作科学化、制度化、规范化，中央办公厅、国务院办公厅于 2012 年 4 月 16 日印发了《党政机关公文处理工作条例》，自 2012 年 7 月 1 日正式施行。作为配套的文件，2012 年 6 月 29 日，国家质量监督检验检疫总局、国家标准化管理委员会发布了《党政机关公文格式》国家标准（GB/T 9704-2012），对公文用纸、印刷装订、格式要素、式样等进行了具体规定。特别是将党政机关公文用纸统一为国际标准 A4 型，首次统一了党政机关公文格式要素的编排规则，使党政机关公文的表现形式更加规范。而目前的 GB/T 9704-2012 中对公文做了最新标准的要求。

公文格式的基本要求如下。

纸张尺寸：采用 A4 纸，尺寸为 210 mm×297 mm。

页边和版心要求：公文用纸天头（上白边）为 37 mm±1 mm，公文用纸订口（左白边）为 28 mm±1 mm，版心尺寸为 156 mm×225 mm。

字体和字号：如无特殊说明，公文各要素一般用 3 号仿宋体字，可适当调整。

行数和字数：一般每面排 22 行，每行 28 个字，并撑满版心，可适当调整。

字体颜色：如无特殊说明，公文中文字的颜色均为黑色。

标准将版心内的公文格式各要素划分为版头、主体、版记三部分。公文首页红色分隔线以上的部分称为版头；公文首页红色分隔线（不含）以下、公文末页首条分隔线（不含）以上的部分称为主体；公文末页首条分隔线以下、末条分隔线以上的部分称为版记。页码在版心之外。

版头包括份号、密级和保密期限、紧急程度、发文机关标志、发文字号、签发人以及版头中的分隔线。其中份号、密级和保密期限和紧急程度根据需要标注，如需标注，顶格编排在版心左上角，一般使用 3 号黑体字。发文机关标志居中排布，上边缘距版心上边缘为 35 mm，推荐使用小标宋体字，颜色为红色。发文字号编排在发文机关标志下空两行位置，居中。年份、发文顺序号用阿拉伯数字标记。签发人由"签发人"三字加全角冒号和签发人姓名组成，居右空一字，编排在发文机关标志下空两行位置。"签发人"三字用 3 号仿宋体字，签发人姓名用 3 号楷体字。版头中的分隔线置于发文字号之下 4 mm 处，居中，与版心等宽，红色。

主体包括标题、主送机关、正文、附件说明、发文机关署名和成文日期、印章、附注等。标题一般用2号小标宋体字，编排于红色分隔线下空两行位置，居中。主送机关和正文一般用3号仿宋体字。成文日期用阿拉伯数字，将年月日标全，年份应该标全称，月、日不编虚位。

版记中的分隔线与版心等宽，首末分隔线用粗线，中间分隔线用细线。如有抄送机关，一般用4号仿宋体字。印发机关和印发日期一般用4号仿宋体字，编排在末条分隔线之上。

公文中的页码一般用4号半角宋体阿拉伯数字，编排在公文版心下边缘之下，数字左右各放一条一字线，单页码居右空一字，双页码居左空一字。

公式格式示意如图1-117所示。

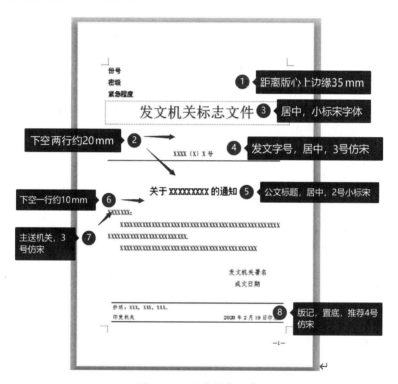

图 1-117　公文格式示意

1. 使用模板创建公文文档

在WPS中，可以利用模板很便利地插入标准格式的公文。

单击"新建"命令，可以在新建页面中找到"本地模板"，其下有"GB9704电子公文模板"，也可以在下方的图例中选择，如图1-118所示。

例如，选择"任命书"选项，单击下方的"使用模板"按钮，即可创建一个任命书文档，如图1-119所示，我们只需要将其中某些内容替换成自己的文字即可。

图 1-118　使用模板新建公文文档

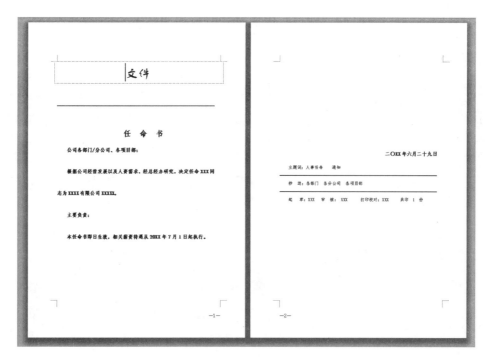

图 1-119　任命书文档

2. 自制公文文档

公文文档格式较为简单，编排时注意字体、段落格式等要求。此外，还需要注意一些细节要求，下面以一具体实例来说明。

（1）页面设置。

根据公文格式要求，在"页面布局"选项卡下设置页边距：上为 3.7 cm，下为 3.5 cm，左为 2.8 cm，右为 2.6 cm，如图 1-120 所示。

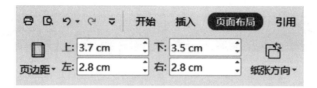

图 1-120　页边距设置

单击"页面设置"对话框按钮，弹出"页面设置"对话框，在其"版式"选项卡的"页眉和页脚"栏中勾选"奇偶页不同"复选框。然后单击"文档网格"选项卡，单击下方的"字体设置"按钮，设置中文字体为"仿宋"，字号为"三号"；字体设置完毕返回"页面设置"对话框，在"网格"栏中选中"指定行和字符网格"单选按钮，字符设置为每行"28"个，行设置为每页"22"行。这样就将版心设置成了以三号字为标准，每页 22 行每行 28 个汉字的国家标准，如图 1-121 所示。

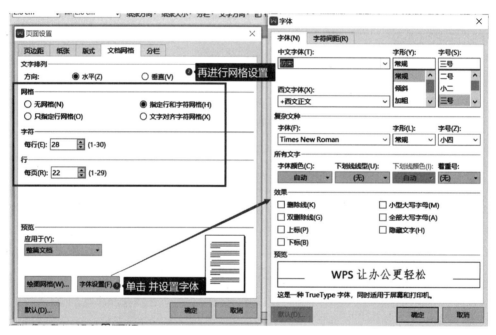

图 1-121　页面设置

（2）文件头的制作。

单击"插入"选项卡下的"文本框"按钮，在下拉列表中选择"横向"命令，如图 1-122 所示，当鼠标指针变为"+"时按住鼠标左键绘制一个文本框，然后在文本框中输入文字，如"*** 省教育学会旅游协会联合文件"。

在文本框上右击，在弹出的快捷菜单中选择"其他布局选项"命令，打开"布局"对话框。选择"位置"选项卡，设置对齐方式为"居中"，相对于为"页面"，绝对位置为 2.5cm，下侧为"上边距"。单击"大小"选项卡，设置高度绝对值为 2cm，宽度绝对值为 15.5cm，如图 1-123 所

图 1-122　插入文本框

示,然后单击"确定"按钮。

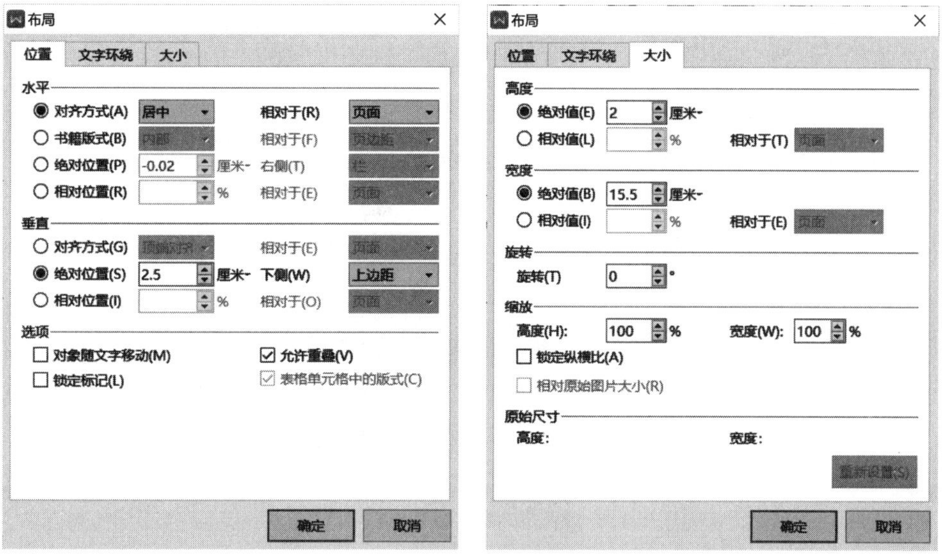

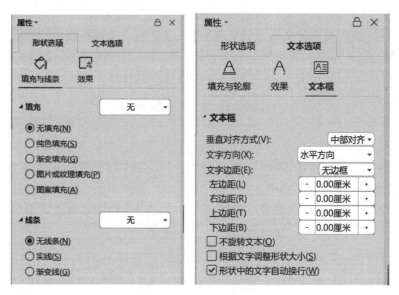

图 1-123 布局设置

再次在文本框上右击,在弹出的快捷菜单中选择"设置对象格式"命令,在软件右侧打开"属性"窗格,如图 1-124 所示,展开"填充"选项,选中"无填充"单选按钮,展开"线条"选项,选中"无线条"单选按钮,选择"文本选项"选项卡,设置文本框上、下、左、右边距均为 0,垂直对齐方式为"中部对齐"。

图 1-124 属性设置

最后,选择文本框中的文字,设置字体为二号小标宋体,颜色为红色,居中。

(3) 双行合一。

在公文中,我们会看到一些双行合一的现象。所谓双行合一,就是两行文字显示在一行上。例如，我们前面制作的文件头需要将"教育学会""旅游协会"合并为一行，可以进行如下操作。

选中文字"教育学会旅游协会"，单击"开始"选项卡下的"中文版式"按钮，在下拉列表中选择"双行合一"命令，如图 1-125 所示。

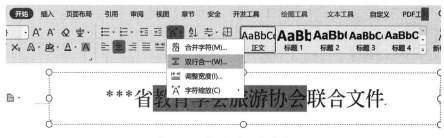

图 1-125 "双行合一"命令

在弹出的"双行合一"对话框中，"文字"文本框自动显示选中的文字，可以选择是否带括号，如图 1-126 所示。

图 1-126 "双行合一"对话框

单击"确定"按钮后，公文标题就呈现如图 1-127 所示的双行合一的效果了。

图 1-127 双行合一效果

（4）多行合一。

有些文件是多个单位联合发布的，如何解决多行合一的问题呢？

可以考虑以下几种方法。

① 使用表格，将每行文字放置在表格的行中，并设置两端对齐或设置字符间距，然后将表格设置为无边框，如图 1-128 所示。

图 1-128 表格制作多行合一

② 使用公式。

单击"插入"选项卡下的"公式"按钮，在其下拉列表中选择"插入新公式"命令，然后选择"公式工具"选项卡下的"矩阵"命令，在其下拉列表中选择合适的矩阵，如"3×1 空矩阵"，如图 1-129 所示。

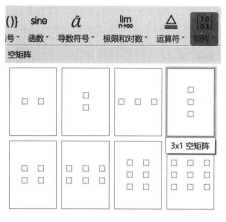

图 1-129　插入矩阵

然后在矩阵的各个元素中输入文字，设置字体后呈现图 1-130 所示的效果。

＊＊省教育学会

＊＊省督导学会文件

＊＊省旅游协会

图 1-130　公式实现多行合一

最后输入其他标题文字并水平居中，即完成标题的插入。

（5）发文字号输入。

对于发文字号，放在发文机关标志下空两行的位置，年份、发文顺序号用阿拉伯数字标注；年份应标全称，用六角括号"〔 〕"括入；发文顺序号不加"第"字，不编虚位（即 1 不编为 01），在阿拉伯数字后加"号"字。

具体操作如下。

在文件头文本框后空两行，并输入发文字号文字"＊＊＊字〔 2021 〕＊＊＊号"，其中六角括号可以通过单击"插入"→"符号"命令进行插入，如图 1-131 所示，字体按标准设置。

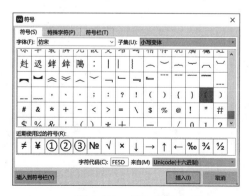

图 1-131　插入符号

（6）几种横线的输入。

发文字号之下 4 mm 处居中印一条与版心等宽的红色分隔线，具体操作有以下两种方法，一是单击"插入"选项卡下的"形状"按钮，选择单实线绘制；二是使用快捷方法。

例如，输入公文标题后，如果希望在下方出现一条单横线，可以执行以下操作步骤。

① 按〈Enter〉键，使光标移到下一行左侧。

② 在键盘上输入"---"。

③ 按〈Enter〉键。

这时横线就自动生成了。

其他几种横线输入的快捷方法如下。

如果输入"---"（3个减号），按〈Enter〉键就会出现一条单横线；

如果输入"==="（3个等号），按〈Enter〉键就会出现一条双横线；

如果输入"~~~"（3个波浪号），按〈Enter〉键就会出现一条波浪线；

如果输入"###"（3个井号），按〈Enter〉键就会出现一条三维线；

如果输入"***"（3个星号），按〈Enter〉键就会出现一条装订线。

5 种横线如图 1-132 所示。

图 1-132　5 种横线

如果希望出现的横线颜色是红色的，可以选中横线上方的段落标记，单击"开始"选项卡下的"边框"按钮，在其下拉列表中选择"边框和底纹"命令，如图 1-133 所示。

图 1-133　"边框和底纹"命令

在弹出的"边框和底纹"对话框中把边框的颜色设置为红色，然后单击预览区域的段落下方的横线，使其变为红色，如图 1-134 所示，单击"确定"按钮，横线颜色就变为红色。

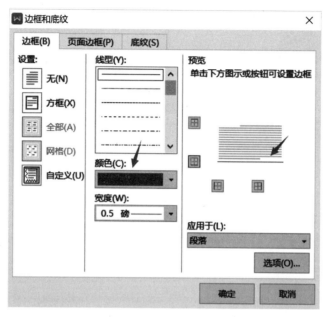

图 1-134　边框设置

如果需要设置横线的粗细，可以在图 1-134 中"宽度"的下拉列表中选择边框的宽度，然后单击"确定"按扭。

（7）输入其他文字。

公文标题放在红色分隔线下空两行位置，设置为 2 号小标宋体，可以排成一行或多行居中显示，换行时要注意词意完整，排列对称，间距恰当（行间距设为 32 磅）。

主送机关在标题下空一行位置，字体设置为 3 号仿宋体。

正文每段首行缩进两个字符。

版记部分放在公文最后一页最下面的位置，因此一般我们会使用文本框。在文本框中输入相关内容，其中：版记的首、末分隔线（如果用文本框，则为文本框的上下边框线）与版心等宽，用粗线（推荐高度为 0.35mm）。中间分隔线用细线（推荐高度为 0.25 mm）。抄送机关一般用 4 号仿宋体字，在印发机关和印发日期之上一行，左右各空一字。印发机关和印发日期用阿拉伯数字标识，占一行位置，用 4 号仿宋字体，印发机关左空一字，印发日期右空一字。

文本框内容完成后，需要将其定位到页面底端，设置方法和前面设置文件头文本框一样，在文本框上右击，从快捷菜单中选择"其他布局选项"命令，在"布局"对话框的"位置"选项卡中设置水平对齐方式相对于"页边距""居中"，垂直对齐方式相对于"页边距""下对齐"，完成后效果如图 1-135 所示。

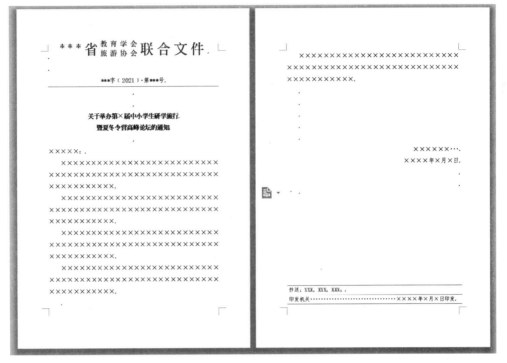

图 1-135　输入文字后效果图

（8）插入页码。

单击"插入"选项卡下"页码"按钮的下半部分，在其下拉列表中选择"页码"命令，对于弹出的"页码"对话框进行如下设置：样式为"—1—，—2—，—3—"，位置为"底端外侧"，如图 1-136 所示。

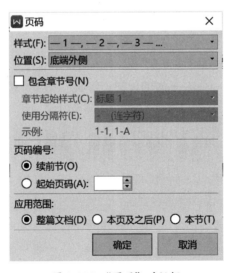

图 1-136　"页码"对话框

单击"确定"按钮后，设置页码文字为 4 号，就可以看到图 1-137 所示的页码效果。

图 1-137　页码效果

（9）电子图章的插入。

依次单击"插入"→"图片"→"本地图片"命令，选择图章图片插入，选中图片，修改为合适的大小，单击"图片工具"选项卡的"环绕"按钮，选择"浮于文字上方"命令。单击"图片工具"选项卡下的"设置透明色"按钮，再单击图章需要透明的地方，如图 1-138 所示。

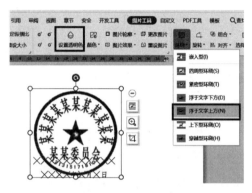

图 1-138　插入图章

（10）保存为模板。

如果以后要以此公文为基础进行其他公文的制作，我们可以将其保存为模板。依次单击"文件"→"另存为"命令，如图 1-139 所示，在弹出的"另存文件"对话框中，将文件类型设置为"Microsoft Word 模板文件"，设置文件名后，单击"保存"按钮即可。

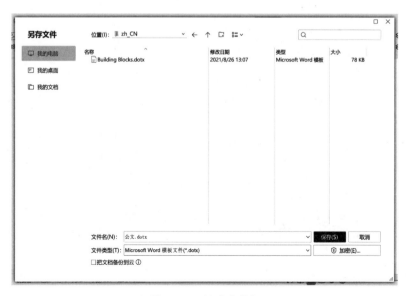

图 1-139　保存为模板

1.8.2 窗体文档编写

有时需要编制如登记表、统计表、申报表之类的文档，要求填表者在指定的区域进行填写，不能改动文档的其他部分。怎样才能做到这一点呢？最好的办法就是利用窗体：我们可以在文档中的指定位置（需要填表者填写内容的位置）创建窗体，并且设定只允许填表者填写窗体。用这种方法建立的文字文稿，不但可以让填表者只能在指定的区域输入文本，而且可以让填表者只能在预先设定的若干选项中进行选择，或者只能在预先设定的若干复选框中进行选择。

要使用窗体控件，首先需要打开 WPS 文字的"开发工具"选项卡。如果无此选项卡，可以单击"文件"菜单下的"选项"命令打开"选项"对话框，在左侧列表中选择"自定义功能区"选项，再在右侧"从下列位置选择命令"栏的下拉列表中选择"所有选项卡"选项，然后在下方的列表中选择"开发工具（工具选项卡）"选项，如图 1-140 所示，最后单击"添加"按钮，就可以把"开发工具"选项卡显示在自定义功能区了。

图 1-140　自定义功能区

在"开发工具"选项卡下可以看到很多窗体控件，如格式文本内容控件、纯文本内容控件、图片内容控件、组合框内容控件、下拉列表内容控件等，如图 1-141 所示，我们可以根据需要选择使用。

图 1-141　"开发工具"选项卡

下面以一个员工信息采集表为例来说明窗体的使用。

1. 创建表格

使用表格工具创建如下表格，表内文字在垂直、水平方向上均居中（"姓名"等内容中间可以用空格进行对齐，也可以使用"分散对齐"命令），如图 1-142 所示。

员工信息采集表

姓　　名		政治面貌		
性　　别		出生日期		
最高学历		职　　称		
联系电话		邮　　编		
家庭地址				

图 1-142　表格初始状态

2. 添加格式文本内容控件

在要输入姓名、联系电话、邮编、家庭地址处添加格式文本内容控件，以姓名为例，将光标置于要输入姓名的单元格，单击"开发工具"→"格式文本内容控件"命令，为用户输入留出一个输入格式文本的位置。格式文本并不表示与 HTML 形成对比，仅仅说明格式是允许的，不限于字符格式，格式文本内容控件可以包含段落格式、样式、标题、列、公式等，也可以包含分段符、分页符、分节符，单个格式文本内容控件可以包含多页、多节文档，其中还带有图片、表格和图表。然后单击"控件属性"按钮，打开"内容控件属性"对话框，如图 1-143 所示。

在"内容控件属性"对话框中，如果在"标题"文本框中输入文字"在此输入姓名"，那么就会在员工信息采集表中的"内容控件"顶端对应显示一个小的 ID 标签，用于表示该控件处于选中的状态。"内容控件属性"对话框的"标记"用来表示 XML 格式的数据，此处表示为"姓名"。若勾选"内容被编辑后删除内容控件"复选框，则在用户输入内容后该控件即会消失，仅留下用户输入的文本内容。

使用同样的方法添加其他格式文本内容控件。

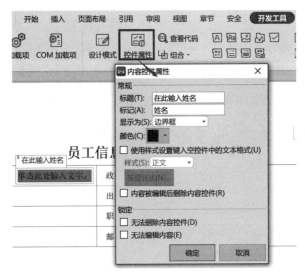

图 1-143　内容控件属性

3. 添加下拉列表内容控件

将光标置于要输入政治面貌的单元格中，单击"开发工具"→"下拉列表内容控件"命令，单击"控件属性"按钮，打开"内容控件属性"对话框，如图 1-144 所示，在该对话框中进行如下设置："标题"和"标记"文本框输入"政治面貌"，单击"添加"按钮，在弹出的"添加选项"对话框中输入"显示名称"为"预备党员"，"值"即默认为"预备党员"，其他选项如"党员"等也用同样的方法添加。

图 1-144　下拉列表内容控件属性设置

列表项目添加完成后，可以看到图 1-145 所示的效果，我们可以单击右侧的箭头按钮，就会展开下拉列表，用户可以单击选择列表项目。

图 1-145　下拉列表内容控件完成效果

用同样的方法添加性别（男、女）、最高学历（博士、硕士、本科、专科、高中、其他）、职称（高级工程师、工程师、助理工程师、技术员）。

4. 添加日期选取器内容控件

在出生日期处插入日期选取器内容控件，其属性设置及效果如图 1-146 所示，除设置标题、标记外，还可以设置日期的显示格式。

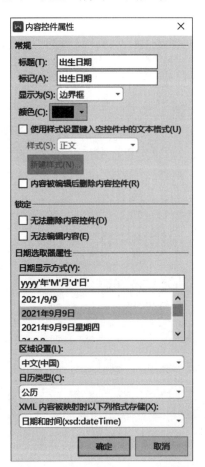

图 1-146　日期选取器内容控件属性设置及效果

5. 添加图片内容控件

在要插入图片的单元格添加图片内容控件，具体属性设置如图 1-147 所示。这样，当用户单击此控件时，就会弹出"打开图片"对话框，只要选择路径和图片就能将图片插入了。

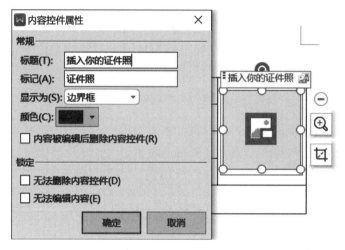

图 1-147　图片内容控件属性

6. 保护文档

接下来我们需要将文档保护起来，让用户只能对窗体控件进行修改，而不能修改文档其他部分，这时可以单击"审阅"→"限制编辑"命令，在右侧的"限制编辑"窗格中勾选"设置文档的保护方式"复选框，选中下方的"填写窗体"单选按钮，然后单击"启动保护"按钮，如图 1-148 所示，此时就会弹出"启动保护"对话框，设置好启动保护的密码后，整个操作就完成了。

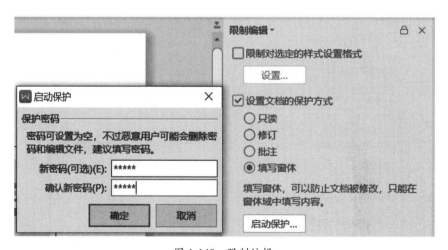

图 1-148　限制编辑

最后的页面效果如图 1-149 所示，如果需要撤销保护，可以单击"限制编辑"窗格中的"停止保护"按钮，输入密码就可以了。

图 1-149　页面效果

第 2 章

创意演示文稿的制作

　　WPS 演示是用于组织幻灯片、编制演示文稿的应用软件。它将文本框、图片、形状、艺术字和各类多媒体元素有机组合起来，形成幻灯片，再把多张幻灯片联合起来，组成演示文稿。演示文稿中通常可以设置多种多媒体元素的动画效果和多种幻灯片切换方式，通过投影仪或者其他大屏幕放映设备播放出来，所以，它是一个一对多的交流媒介。

　　本章关于演示文稿的格式编辑、内容优化和美化等内容可以帮助读者快速"从入门到精通"。

学习目标

- 理解对齐、对比、重复和等密性的排版原则，能够应用这些原则对多种对象进行混合排版。
  - 掌握智能套用和推荐版式的应用。
  - 掌握形状的图片或纹理填充。
  - 掌握艺术字的编辑技巧、文本的弯曲路径及填充等效果。
  - 能对文稿内容进行提炼。
  - 掌握文本的图形表达、数据的呈现方式。
  - 掌握 WPS 的智能动画效果，能进行创意动画设计。
  - 掌握规范字体的使用，了解字体版权知识。
  - 掌握文稿的图形化表达。
  - 掌握数据的可视化表达。
  - 能实现文稿的风格统一。

学习任务

- 演示文稿的编辑。
- 演示文稿的内容优化。
- 演示文稿的美化。

2.1　演示文稿的编辑

演示文稿的制作不外乎是素材、排版、配色与动画的有机结合，如何对它们进行合理、合适的组合，需要我们对各种手法融会贯通、灵活运用。

2.1.1　排版原则

制作演示文稿最大的问题不是不懂炫酷的操作技巧，而是不会合理、合适地排版，所以制作出来的演示文稿，布局杂乱，没有什么设计感。这个问题该如何解决呢？本节将介绍演示文稿的排版原则。排版原则主要涉及以下 4 个方面：对齐、对比、重复和亲密性。

1. 对齐

在页面设计上元素之间通过建立某种视觉联系，来建立清晰的结构。对齐正是决定了一个页面整体的统一视觉效果，当页面存在多个元素时，我们可以通过设置不同的对齐方式，使页面中的内容产生对应的逻辑联系，使得页面外观更加清晰简洁。

在演示文稿中需要进行对齐的内容通常有文字对齐、图片对齐、元素对齐 3 种类型。

（1）文字对齐。

对齐在文字排版设计中是一个必备的技能。文字对齐方式主要通过"文本工具"选项卡下的"对齐"按钮实现，主要有左对齐、右对齐、居中对齐、两端对齐和分散对齐。

（2）图片对齐。

在制作演示文稿时，离不开图片的应用和排版。当页面上存在多张图片时，如何使其达到好的视觉展示效果？最简单的方法即对齐图片。如图 2-1 所示，对页面中的 3 张图片进行对齐处理，使页面整洁明了。注意，在不同的情况下，我们可以采用不同的对齐方式。

图 2-1　图片对齐

（3）元素对齐。

在页面中，会有很多元素，如图标、形状等，如果各个元素摆放过于随意，会让页面杂乱无章，通过对齐设置可以让整个页面井然有序。如图 2-2 所示，对页面中的多个图标进行对齐处理，使整个页面内容干净有序。

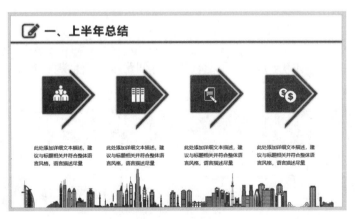

图 2-2　元素对齐

关于图片等元素对齐的方式，在 WPS 演示中主要有 9 种。当选中多个元素时，WPS 演示中会自动出现浮动工具栏，其中提供了 9 种对齐方式以及"相对于幻灯片"和元素"组合"快捷按钮，如图 2-3 所示。

图 2-3　对齐浮动工具栏

下面详细介绍 9 种对齐方式。

① 左对齐：最常见的对齐方式。版面中的元素以左为基准对齐，简洁大方，利于阅读，演示文稿中常用于正文过渡页，如图 2-4 所示。

② 居中对齐：将版面中的元素以页面中线为基准对齐，左右对称，重心稳重，给人一种大气感与正式感，常用于封面和结束页，如图 2-5 所示。

图 2-4　左对齐　　　　　　　　图 2-5　居中对齐

③ 右对齐：将版面中的元素以右为基准对齐。右对齐常见于一些小的细节中，如图 2-6 所示。

④ 顶端对齐：在一些"中国风"的演示文稿中，当文本竖排时，就需要注意顶端对齐。此外，当排列多组内容时，也需要注意顶端对齐，如图 2-7 所示。

⑤ 垂直居中：将选中的元素对齐到在垂直方向的中间位置。

⑥ 底端对齐：就是底部要进行对齐。底端对齐很少应用在文字排版上，但是图片排版时常用。

⑦ 中心对齐：以所有选中元素的中心点为基准点，也就是每个元素的中心点重叠对齐。

⑧ 纵向分布：将选中的元素在上下方向进行等间距排列，元素上下移动，上下等间距。

图 2-6　右对齐　　　　　　　　图 2-7　顶端对齐

⑨ 横向分布：将选中的元素在水平方向进行等间距排列，元素水平移动，水平等间距，如图 2-8 所示。

纵向分布和横向分布其实更多属于亲密性原则，主要体现在元素和元素之间的间距相等。

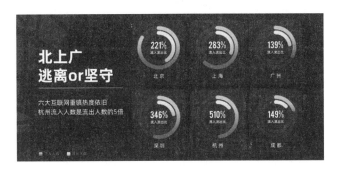

图 2-8　横向分布

除浮动工具栏外，我们还可以单击"绘图工具"选项卡的"对齐"按钮，如图 2-9 所示，在弹出的下拉列表中进行更多的对齐设置。例如，可以通过"等高"或"等宽"命令调节各元素大小的一致性。

图 2-9　"对齐"下拉列表

默认情况下，各元素的对齐位置是相对于元素本身，如果我们单击"对齐"按钮下的"相对于幻灯片"命令，使其处于选中状态，就能使所选中的各个元素相对于幻灯片位置对齐。例如，我们选中"相对于幻灯片"命令，再对选中的各个元素进行"中心对齐"，就能使选中元素都处于幻灯片的中心位置，如图 2-10 所示。

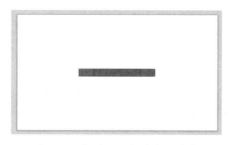

图 2-10　相对于幻灯片中心对齐

　　在排版过程中，对齐是最基础的工作，看上去很简单也很好理解，但是在具体的实践过程中，还需要认真思考和设计、总结规律、运用规律。

2. 对比

　　所谓对比，就是通过元素之间的差异，来制造视觉的焦点，增强演示文稿的层次感。对比的基本思想就是要避免页面上的元素太过相似。如果元素（字体、颜色、大小、线宽、形状、空间等）不相同，那就干脆让它们截然不同。对比能够让信息更准确地传达，内容更容易地被找到、被记住。如果想让对比效果更明显，就一定要大胆，不要让两种颜色看起来好像差不多，当然也不要在同一个页面使用太多颜色和字体。

　　制造对比的方法主要有以下几种。

　　（1）字号和字重对比。

　　要强调某一个文字内容，最常用的办法就是放大字号、加粗文字。

　　如图 2-11 和图 2-12 所示，我们可以看到，将需要突出的内容放大加粗，将备注文字缩小，制造对比冲突，幻灯片就有了层次感，主次更分明。

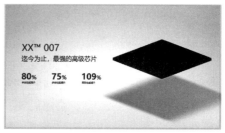

图 2-11 对比前　　　　　　　　　　　图 2-12 对比后

　　（2）颜色对比。

　　颜色对比也是十分常用的对比手法，如图 2-13 所示。当然，在更改颜色时，要注意协调。一般我们会注重相邻颜色之间的对比关系，例如，当黑色和白色比邻相接时，对比效果就很强。

　　造成颜色对比的因素包括色彩的明度差、色相差、饱和度差 3 种。通过这 3 种方法，可以使配色富于变化。丰富的画面色彩能够使读者的大脑受到刺激从而感到兴奋，故而能够实现信息的有效传达。但是，若颜色对比过于强烈，则会造成视觉疲劳。

图 2-13　颜色对比

（3）字体对比。

字体对比在演示文稿中运用得也比较多，但是不能大范围使用，如图 2-14 所示。当某个要点需要凸显的时候，可以换一种更符合主题、更显著的字体。

图 2-14　字体对比

（4）虚实对比。

很多时候，也会用虚实对比展示效果，如图 2-15 所示。

图 2-15　虚实对比

3. 重复

重复是指在页面设计中一些基础元素可以重复使用，包括颜色、形状、材质、空间关系、线宽、字体、大小和图片以及几何元素等，使用重复的原则可以增加画面的条理性和

整体性。

重复性可以理解为一致性，也就是同一级别的元素保持一致。一致性可以使得页面更具逻辑，提高阅读效果；同时有规律的重复让页面更具风格。

【例 2-1】单页幻灯片的重复性。

如图 2-16 所示，这是一个没有修改格式的幻灯片，文字大小一致，没有层次感，也没有重心，该如何处理呢？

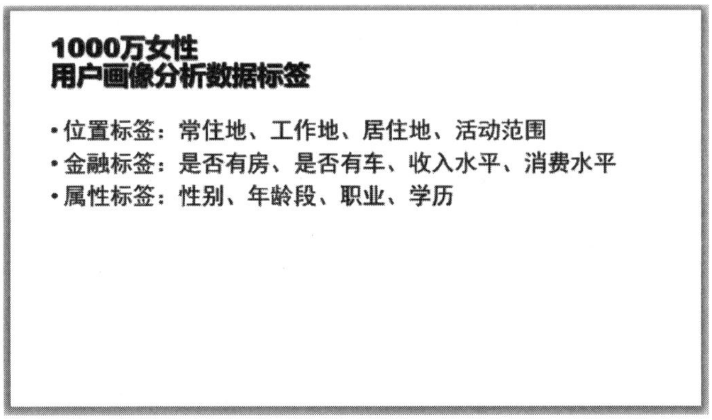

图 2-16　幻灯片初始状态

（1）统一字体、调整字号。

分析素材文字的级别关系，3 句话是并列关系，属于同一级别。我们将 3 个标题及 3 个子内容分别统一字体，设置合适的行间距，如图 2-17 所示。

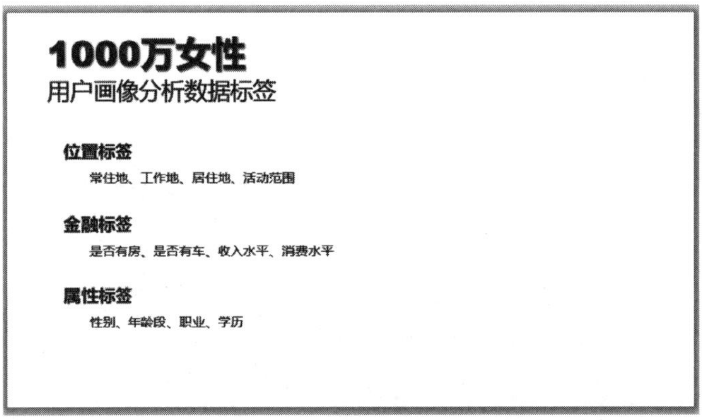

图 2-17　统一字体、调整字号、设置间距

（2）统一形状和色块。

在每一个小标题部位增加形状和色块，让页面清爽大方，如图 2-18 所示。

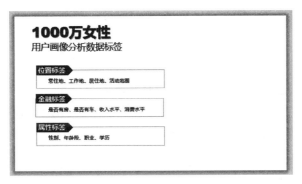

图 2-18　统一形状和色块

（3）添加背景。

最后添加上合适的背景，最终效果如图 2-19 所示。

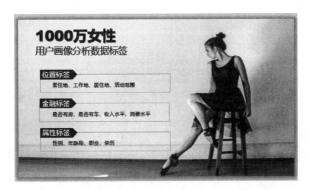

图 2-19　添加背景

【例 2-2】一组幻灯片的重复性。

除单页幻灯片中我们会运用重复原则外，同一个演示文稿，我们也需要遵循重复原则。

如图 2-20 所示，这 4 张幻灯片出自同一份模板，它们色调一致，字体一致，装饰元素一致，对于这些重复元素的合理利用，使得它们形成一个整体。

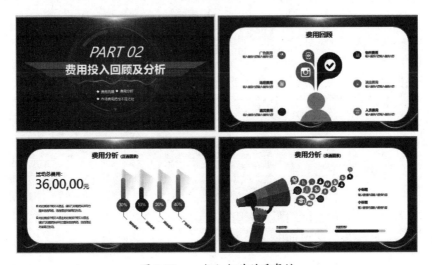

图 2-20　一组幻灯片的重复性

只有遵循重复原则，整套演示文稿的风格才是一致的，作品才能从视觉上成为一体。

4. 亲密性

幻灯片中的亲密性主要是通过多种形式对元素归类分组，每个组就是一个视觉单位，每个组之间也要注意联系的建立。归类分组能使页面更具组织性和条理性，因此，幻灯片设计时，我们需要分析幻灯片中的文字或图片之间的关联性。

实现页面元素的归类分组，主要有以下几种方法。

（1）通过留白进行分组。

通过留白进行分组，主要是将文字分组后，再对各组之间的距离进行调整。通常要注意行间距小于段间距，段间距小于组间距。

【例 2-3】对如图 2-21 所示的幻灯片，通过留白进行分组。

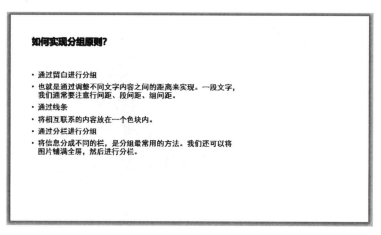

图 2-21　幻灯片原始状态

进行间距设置，行间距默认的是 1.0，我们将其设置为 1.3，行间距的设置方法如图 2-22 所示。

图 2-22　行间距设置

确定好行间距之后，设置段间距还有组间距。

最后添加合适的背景，效果如图 2-23 所示。

图 2-23　留白分组

（2）通过线条或者色块进行分组。

将相互联系的内容放在一个色块内，如图 2-24 所示。

图 2-24　色块分组

（3）通过分栏进行分组。

通过分栏可得到如图 2-25 所示的幻灯片。

图 2-25　分栏分组

通过对齐、对比、重复和亲密性这 4 个排版原则，就完全可以设计出较为美观的幻灯片页面。

2.1.2 智能模板和版式设计

1. 智能模板

在演示文稿的制作过程中，常常需要花大量的时间调整文稿的格式，以使其美观大方、突出主题。那是否有快速简便的方法呢？我们可以使用 WPS 中的智能模板。

例如，纯文字演示文稿如图 2-26 所示。

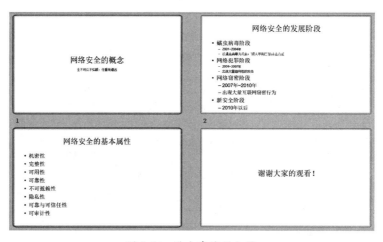

图 2-26　纯文字演示文稿

单击"设计"选项卡下的"更多设计按钮"命令，弹出"设计方案"对话框，如图 2-27 所示。鼠标指针移动到某个合适的设计方案上，这时方案下方会出现一个橘色的"应用风格"按钮。单击此按钮，就可以让演示文稿焕然一新，应用设计方案后的效果如图 2-28 所示。

图 2-27　"设计方案"对话框

图 2-28　应用设计方案后的效果

我们还可以单击"设计"选项卡下的"魔法"按钮，如图 2-29 所示，WPS 就会自动识别内容、匹配精美的模板和动画，让简单的文稿变成精美的演示文稿。

图 2-29　"魔法"按钮

2. 版式设计

版式就是演示文稿版面的样式。在版式设计中，运用占位符预知页面内容、规划设计版面。版式的背景、颜色、图形效果、字体、字号等都会影响幻灯片的显示效果。

WPS 中内置 10 种默认版式，如标题幻灯片、标题和内容等。我们可以在内置版式的基础上进行调整修改，定制版式。

【例 2-4】修改节标题版式。节标题版式如图 2-30 所示。

图 2-30　节标题版式

打开演示文稿，选中幻灯片，单击"开始"选项卡下的"版式"按钮，在"版式"列表中选择"节标题"版式，设置幻灯片版式为节标题版式，修改该版式的布局。

（1）单击"视图"选项卡下的"幻灯片母版"按钮，如图 2-31 所示，切换至幻灯片母版视图。

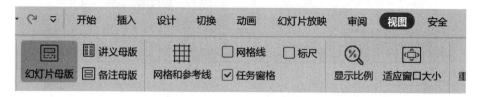

图 2-31 "幻灯片母版"按钮

单击选中节标题版式，设置主题颜色为"夏至"，主题字体为"幼圆"，如图 2-32 所示。删除下方多余的日期、页脚和编号占位符。

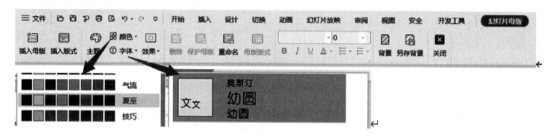

图 2-32 修改主题字体和颜色

（2）单击"插入"→"形状"命令，绘制一个矩形。调整其大小和位置，删除轮廓线，并置于底层作为标题文字的背景色块。移动标题和副标题占位符的位置，并设置标题占位符的字体颜色为白色，如图 2-33 所示。

图 2-33 添加标题背景色块

（3）找到"图片与标题版式"中的图片占位符，复制并粘贴至当前节标题版式中，并修改大小调整位置，如图 2-34 所示。

（4）单击"幻灯片母版"下的"退出"按钮，可以尝试套用当前修改好的节标题版式，最终效果如图 2-35 所示。

图 2-34　添加图片占位符

图 2-35　最终效果

通过该案例可知，通过对版式标题、图片、编号等占位符的巧妙应用和设置，自定义有创意的版式，最终实现整个演示文稿的和谐、统一。

2.1.3　形状及其填充

形状是一种常见的图形元素，在 WPS 演示中使用非常广泛。它可以用来统一不规则的信息，可以用来分割版面区域信息，也可以用自带形状组合形成新的逻辑图形等。

1. 插入形状

在"插入"选项卡下找到"形状"按钮，单击即可看到能创建的所有形状，如线条、矩形、基本形状、箭头、公式形状、流程图、星与旗帜、标注以及动作等，我们可以根据需要添加形状。

2. 形状的设置

形状插入后，我们可以使用"绘图工具"选项卡对它进行设置。如图 2-36 所示，"绘图工具”选项卡主要包括：形状选择、编辑形状、合并形状、形状样式、对齐、组合、高度和宽度等。

图 2-36 "绘图工具"选项卡

（1）更改形状。

单击"编辑形状"按钮，如图 2-37 所示，在下拉菜单中选择"更改形状"命令，在子菜单中选择一种形状进行更改，即可将之前插入的形状替换为其他形状，也可以使用"编辑顶点"命令，对插入的形状进行更细微的修改。

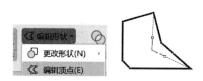

图 2-37 编辑顶点

（2）形状样式。

形状样式中主要可以使用"绘图工具"选项卡下的预设格式列表预设形状样式，单击选择一种即能快速实现形状的填充色、轮廓线以及效果的设置。

如果内置的样式无法满足需求，我们可以单击"绘图工具"选项卡下的"填充"按钮，修改形状的填充效果；单击"轮廓"按钮，修改形状的轮廓线效果；单击"形状效果"按钮，为形状添加阴影、映像、发光等特效。

如果需要更精确的控制，我们可以单击右下角的"设置形状格式"按钮，软件右侧就会出现"对象属性"窗格，如图 2-38 所示，在这里可以设置以下内容。

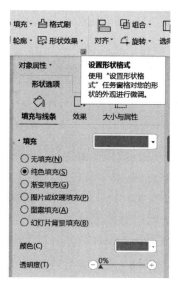

图 2-38 对象属性

① 形状选项：对该形状的设置。它主要有三项，第一个是"填充与线条"，对应形状的"填充"和"轮廓"；第二个是"效果"，对应"形状样式"中形状的"形状效果"，最后一个是"大小与属性"。每一项展开都能进行具体的设置。

对于填充效果的设置主要有以下几种。

无填充：形状为透明。

纯色填充：用单一颜色对形状进行填充，可以设置颜色取值和透明度。

渐变填充：如图 2-39 所示，形状填充为渐变色。可以设置渐变的样式为线性渐变、射线渐变、矩形渐变或路径渐变；可以设置渐变的角度；还可以设置渐变色的色标颜色、位置、透明度和亮度等。

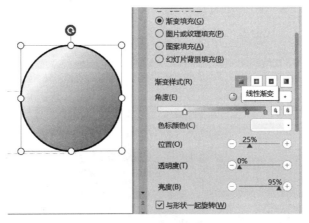

图 2-39　渐变填充

图片或纹理填充：可以用图片或纹理对形状进行填充，如图 2-40 所示，用了本地图片进行圆形的填充。若要使用纹理，则单击"纹理填充"右侧的预设图片。图片填充后，可以设置图片放置方式为"拉伸"或"平铺"，以及图片的上下左右偏移量。

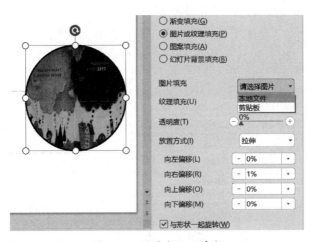

图 2-40　图片或纹理填充

图案填充：可以选择某种图案进行填充，如图 2-41 所示，选择图案样式后，可继续选择前景色和背景色。

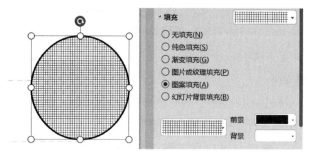

图 2-41　图案填充

幻灯片背景填充：显示幻灯片的背景。

②文本选项：对该形状中添加的文本进行设置。它主要分为"填充与轮廓""效果""文本框" 3 项，如图 2-42 所示。

图 2-42　对象属性——文本选项

（3）形状排列。

形状排列中我们可以利用"上移一层""下移一层"对形状进行叠放次序的设定，也可以实现形状旋转、对多个形状进行对齐设置等。

① 选择窗格。单击"绘图工具"选项卡下的"选择"按钮，在下拉列表中选择"选择窗格"命令，在页面右侧会出现"选择窗格"，如图 2-43 所示。

图 2-43　选择窗格

在选择窗格中，我们可以设置哪些形状显示、哪些形状隐藏，还可以设置对象的叠放次序、更改形状的名字，因为一个幻灯片中形状过多时，用数字标序命名无法直观地对应形状。

② 形状对齐。

形状对齐命令一般用于多个形状排列时的对齐。前文我们已经介绍，此处不再赘述。

（4）形状的布尔计算。

我们经常在网上看到一些非常美观的逻辑图表，事实上都是通过形状的布尔运算做出来的。

如图 2-44 所示，以两个圆形为例，我们把它们摆放好，使其有部分交叠，然后选中它们，依次做"结合""组合""拆分""相交""剪除"5 种运算，可以看到不同的合并结果。

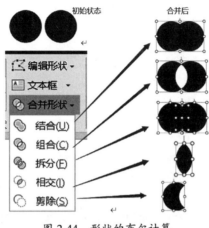

图 2-44　形状的布尔计算

2.1.4　艺术字的设计

在演示文稿中，经常会用到一些艺术字，WPS 中提供了艺术字的设计方法。

1. 艺术字的插入

单击"插入"选项卡下的"艺术字"按钮，可以在下拉列表中选择预设样式，如图 2-45 所示。

图 2-45　插入艺术字

2. 艺术字的效果

插入艺术字后，我们可以通过"文本工具"选项卡下的"文本效果"按钮，对艺术字进行更详细的设置。如图 2-46 所示，"阴影"是为文字设置外部、内部或透视阴影；"倒影"可以设置倒影变体；"发光"能设置文字的发光变体效果；"三维旋转"能设置文字平行、透视、倾斜旋转效果；"转换"可以设置文字跟随路径及弯曲效果。下面，我们通过一个案例来演示艺术字的设计过程。

图 2-46　文本效果

【例 2-5】在 WPS 演示文稿中制作如图 2-47 所示的艺术字效果。

具体操作过程如下。

（1）单击"插入"→"文本框"→"横向文本框"命令，输入文字"战疫"，设置字体为"方正姚体"，字号 88，加粗。

（2）单击"插入"→"形状"命令，随意绘制一个形状（因为单独一个文本框无法拆分，所以需要一个辅助图形来一起选中实现拆分效

图 2-47　案例效果

果）。同时选中这个形状和前面的"战疫"文本框，单击"绘图工具"选项卡下的"合并形状"按钮，在下拉列表中选择"拆分"命令，即可将文字按连续内容拆分，如图 2-48 所示。

图 2-48　拆分文字

（3）选中"疫"字图形，拉扁一些，位置往下拖放一些，选中"疫"字文本框，设置

其填充色为红色，如图 2-49 所示。注意，整个文字是分成 3 部分的，拉扁后，3 个部分的空隙可能会增大，可以分别选择某个部分移动其位置。

（4）使用矩形形状，绘制一个黑色矩形，放置在合适位置，延长"战"的横线，如图 4-50 所示。

图 2-49　修改"疫"字　　　　图 2-50　修改"战"字

（5）插入艺术字，样式选择"填充-黑色，文字 1，阴影"，输入文字"奋战，我们在一起"，选中文字，单击"文本工具"选项卡下的"文本效果"按钮，在下拉列表中选择"转换"命令，然后在二级列表中选择"下弯弧"选项，如图 2-51 所示。最后，整个案例制作完成。

图 2-51　文字转换

2.2　演示文稿的内容优化

演示文稿只是一个配合演讲的工具，它的作用是把演讲者的内容直观地呈现在观众眼前。为让受众尽可能地记住更多信息，我们必须对演示文稿的内容进行提炼优化。

2.2.1　幻灯片的内容提炼

一页幻灯片，如果全是文字，会让读者视觉疲劳，无法明确幻灯片的中心与意图。因此，我们通常会对信息进行提炼。

一般来说，信息提炼可以分为 3 个要点：明确表达重点、梳理内容结构、提取支撑信息。

例如，有图 2-52 所示的文字内容。

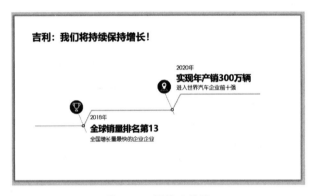

图 2-52　文字内容

我们归纳其中心思想，显示为标题，并将其中的荣誉信息提炼出来，作为整张幻灯片的页面重点，效果如图 2-53 所示。

图 2-53　提炼后结果

2.2.2　幻灯片分节

演示文稿可以通过分节的方式组织幻灯片。与 Word 文档的"节"一样，演示文稿的"节"类似于文章的章节。同一节的幻灯片，可以具有相同的主题样式；不同节的幻灯片，可以具有不同的主题样式，用户可以通过分节设置，让一个演示文稿更加具有条理性，更加鲜明。

1. 节的新增

将光标定位于要插入节处，单击"开始"选项卡下的"节"按钮，选择"新增节"命令，如图 2-54 所示。也可以在软件左侧的幻灯片缩略图窗格右击，选择"新增节"命令。

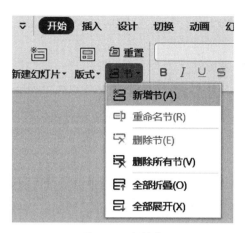

图 2-54　新增节

此时会在左侧缩略图中当前幻灯片处添加"无标题节"。在其上右击，选择"重命名节"命令，即可对该节进行命名操作，如图 2-55 所示。

图 2-55　重命名节

2. 节的快捷菜单

在节名上右击，弹出快捷菜单，如图 2-56 所示，部分选项的含义如下。

图 2-56　节的快捷菜单

删除节：如果觉得节的位置不合适，或者不需要这个节了，可以删除节。这个命令只是删除该节，节内的幻灯片还在，会自动并入上一节。

删除节和幻灯片：把当前节的幻灯片和节一起删除。

删除所有节：删除所有的分节，幻灯片还在。

全部折叠：将所有的节都折叠。

全部展开：将所有的节都展开。

如果只需要折叠当前节，单击节名左侧的三角箭头即可切换该节的折叠和展开。

2.2.3 组合动画

WPS 演示中内置了很多种动画效果，大致可以分为进入、强调、退出和动作路径。通过设计组合，可以实现各种创意动画效果。我们可以通过几个例子来看其使用场景。

【例 2-6】多种动画效果展示。

如图 2-57 所示，图中的 4 个对象分别使用了如下动画效果：图形"PPT 动画举例"使用了"下降"的退出动画效果；文字"秋"使用了"缩放"的进入动画效果；文字"一叶落而大卜知秋"使用了"波浪型"的强调动画效果；图形"树叶"使用了自定义的动作路径动画。

在"自定义动画"窗格中可以很好地展示及编辑幻灯片中对象的动画，可以单击"动画"选项卡下的"自定义动画"按钮调用出"自定义动画"窗格。

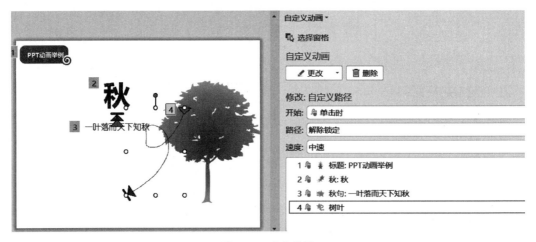

图 2-57　动画效果

在"自定义动画"窗格中，我们还可以调整动画的顺序，对动画的选项进行设置。

在例 2-6 中，我们看到了 4 种动画的使用，然而，单个动画效果显然不够丰富，因此在实际使用过程中，往往需要将多个动画效果进行有机组合并巧妙设置，从而设计出令人满意的动态效果，这也是动画的魅力所在。

【例 2-7】在例 2-6 的基础上进行改进。

这里，我们对动画进一步改进。选择文字"一叶落而天下知秋"，叠加"渐变"进入动画，调整其动画顺序为强调动画之前，并设置强调动画的开始状态为"之后"。同样，选择图形"树叶"叠加"渐变"退出动画，设置其开始状态为"之后"。改进后的效果如图 2-58

所示，相关对象的动画效果更生动了。

图 2-58　改进后的效果

在操作过程中，要注意为同一个对象添加动画和修改动画的区别。

当我们单击选中某个对象，这时右侧"自定义动画"窗格中按钮文字为"添加效果"，单击它就能为该对象再添加一个动画，也就是同一个对象有多个动画效果。

而如果我们是在"自定义动画"窗格中的动画列表中单击某个已添加的动画，这时按钮上的文字为"更改"，单击它就是将当前的动画修改为其他动画，如图 2-59 所示。

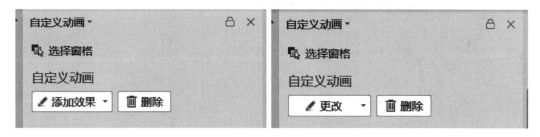

图 2-59　添加动画和修改动画

触发器是 WPS 演示中的一项功能，它相当于一个按钮，在演示文稿中设置好触发器功能后，单击触发器就会触发一个操作。

操作：选择要被触发的对象，给其插入动画效果，在动画窗格中右击该动画，在随后弹出的快捷菜单中选择"计时"命令，在弹出的对话框中单击"触发器"按钮，然后选中"单击下列对象时启动效果"单选按钮，在右侧的下拉列表中选择能触发该动画的对象。

【例 2-8】触发器的使用。

为图片设置"上升"进入动画效果，设置其触发器为当单击"显示"按钮时播放进入动画。具体操作如下：单击图片，为其添加"上升"进入动画效果后，在"自定义动画"窗格中单击该动画右侧的按钮，如图 2-60 所示，选择"计时"命令，在"上升"对话框的"计时"选项卡下，单击"触发器"按钮，选中"单击下列对象时启动效果"单选按钮，然后在右侧的下拉列表中找到"显示"图片的对应项目。

再为图片添加"渐变"退出动画效果，并设置其触发器为当单击"隐藏"按钮时播放退出动画。

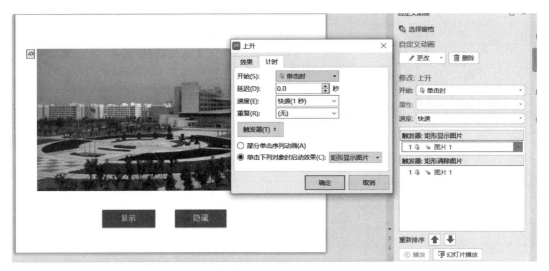

图 2-60　触发器动画效果

在演示文稿中设计动画时，要根据内容展示的实际情况去选择合适的动画方案，而不是一味地追求动画的复杂度。

2.2.4　智能动画

除了以上 4 种动画效果，WPS 中还提供了"智能动画"功能，一键实现元素的动画效果。

如图 2-61 所示，选定对象后，可以选择合适的智能推荐动画，直接应用就可以。

图 2-61　智能推荐动画

【例 2-9】数字增长。

假如要实现销售业绩的增长效果，如图 2-62 所示，单击数字对象后，在"智能推荐"栏中选择"动态数字（计时器）"选项，即能实现该数字由 1 迅速增大到该数值的效果。

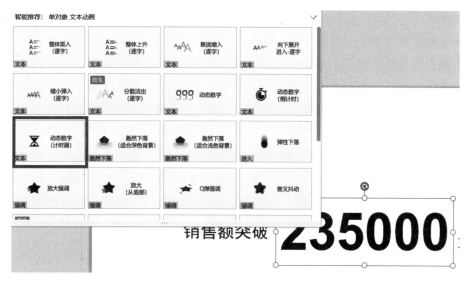

图 2-62　动态数字效果

2.3　演示文稿的美化

2.3.1　字体

汉字作为中华民族的瑰宝，基于其表意特性，实用性从未减弱，各行各业的品牌展示、活动宣传、产品推广，无不需要文字配合。字体是文字的风格，文字以常规或艺术的表现形式，是文字文化的载体。

在网络时代快速发展的今天，可随时在网络上下载字体，但是很少人会考虑到字体版权的问题，不知道自己在网上随便下载字体就已经侵犯了他人的合法利益，属于违法的行为。

1. 字体的版权

字体是有版权的，但是并不是所有的字体都有版权。

根据《中华人民共和国著作权法》的规定，作品在以下一些情况可以不经授权也不需要付费即可使用：为个人学习、研究或者欣赏；在介绍、评论中适当引用；为学校课堂教学或者科学研究；新闻报道；国家机关为执行公务合理范围内使用；公益陈列、保存、表演；转换成少数民族文字和盲文。只要以合法手段取得已经发表的字体应用于以上领域，不需要获得授权，也不需要付费。

对于字体内容，个人普通使用以及公益使用都应该采取自动获得授权方式。商业用途，即一切以盈利为目的的商业行为均需在授权范围内使用字体。商业用途字体又分为免费商用字体和付费商用字体，免费商用字体可以分为常规标准字体和开源字体两种。

常规标准字体是我们最常见到的如宋体、楷体、黑体、仿宋等传统字体，由于其历史悠久，根据现行著作权法的规定，已远超过著作权的保护期限，因此通常不会涉及侵权问题。开源字体是指开发下载并免费使用过的字体，通常可以直接商用，无须获得授权，如"思源黑体"，是 Adobe 公司与 Google 公司在 2014 年 7 月宣布推出的一款开源字体，可以不受限制地免费使用。

值得注意的是，在大多数人的常规认识里，操作系统、软件自带的字体在使用上没有限制，实则不然。以"微软雅黑"为例，它是由北大方正开发的字体，授权微软公司使用。微软用户个人使用并没有太多限制，如写作、办公、通信等。但若为商业使用，则需要版权方授权，并支付费用。

2. 字体的情感

我们经常会说字如其人，其实不同的字体，也代表着不同的意义和性格。

汉字字体设计既是视觉上的装饰设计，也是文字内涵的视觉化传达，其中包含了文字内容及其表现主题的感情色彩。利用人的视觉感知对字体设计所进行的指导，是基于文字的内涵及其情感的，在看似严谨或随意的设计中，总有一条线索牵引着设计的进行。

下面通过简单的形象进行对比，如图 2-63 所示。不同的图配上不同特征的字体，在一定程度上就能够传递给人不同的感受。

图 2-63　字体的情感

可通过字体的结构、笔画、细节修饰等塑造多变的字体，给人不同的视觉感受。

下面介绍几种常用的字体。

宋体：雅致、大气、通用。宋体又分为书宋和报宋，是最常见的书报印刷体；大标宋笔画柔软、圆润，古韵犹存，给人古色古香的视觉效果。

黑体：厚重、抢眼，多用于标题制作，有强调的效果。

楷体：清秀、平和，带书卷味，多用于启蒙教材。

仿宋：权威、古板，是早期中文打字机的专用字体，一般用于观点提示性阐述。

隶书：庄严、凝重，刚柔并济，它结构扁平，轻重顿挫富有变化，具有书法艺术美，极具艺术欣赏的价值。

3. 幻灯片中使用字体的规则

幻灯片用来传递信息，其字体使用要要遵循如下一些规则。

（1）标题主要进行信息总结，因此标题需要选择能够引起注意力的字体。一般来说，标题字体的字形较为俊朗，笔划较粗，字体加粗后能够明显区别未加粗时的视觉效果。

（2）正文字体一般用在文字较多的段落中，所以要求字形较为规整，笔画较为纤细。

（3）艺术体字体在演示文稿中的应用场景不是很多，选择标准主要依据文字内容所表达的意思来决定。例如，我们用来表现自信和豪放时，会选择一些潇洒的字体，如行书；表达中国风时会选择古朴的字体，如隶书。

2.3.2　图形化表达及数据呈现

正所谓"字不如表，表不如图"，我们已经进入一个读图时代，因此，在进行幻灯片设计时要注意采用图形化的方式，如单个的数字、字母、文字、图表、图片都可以当作图形化的语言，用来强化所要表达的内容。

同时，演示文稿中数据展示是一个常见的需求，用数据进行总结，用数据进行分享。那么，如何将数据更好地呈现给受众，让我们的表达更加动人？常见的数据展示方式主要有以下 3 种。

1. 纯数字

我们经常看到幻灯片中对单个数据进行放大处理，造成视觉冲击，再对其他信息进行简单的排版处理，如图 2-64 所示。我们还经常使用图片配合数据的展示方式，例如，选择一张合适的配图，然后在另一侧突出显示数据，这也是一种简单有效的方法。

图 2-64　纯数字呈现

2. 表格

当需要处理的数据比较多时，可以采取表格的方式，让版面看起来特别清爽，让人一目了然，如图 2-65 所示。

图 2-65　表格呈现

3. 图表

使用表格呈现数据会有些呆板，我们可以将其做成图表的形式。如图 2-66 所示，用条形长度进行对比，还可以用线条反应走势、用面积表示比例等。一图胜千言，这就是数据可视化的魅力。

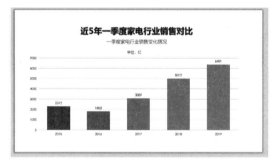

图 2-66　图表呈现

一般，我们可以使用内置的图表样式，但如果想要设计有创意，可以借助于形状，打破原有的设计思维。如图 2-67 所示，借助于三角形叠加并结合线条指示，也能达到不错的效果。

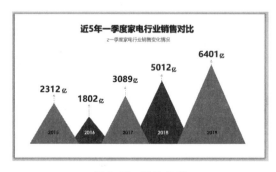

图 2-67　形状呈现

2.3.3　统一文稿风格

如何让演示文稿有统一的风格？我们可以通过背景、形状、线条、字体、边距、配色等多方面来实现。例如，我们可以让一些图形或者线条连续出现在各个幻灯片中，这就是一种很好的统一文稿风格的做法。

通常我们使用"设计模板"功能快速实现文稿的风格统一，前文我们已经介绍了如何通过"设计"选项卡对文稿进行快速统一风格。但如果选择的设计方案中的字体或颜色不满足要求，我们也可以进行修改。

单击"设计"选项卡下的"配色方案"按钮，弹出下拉配色列表，如图 2-68 所示，WPS 演示内置了 40 多种配色方案，只需要单击即可应用相应配色方案。

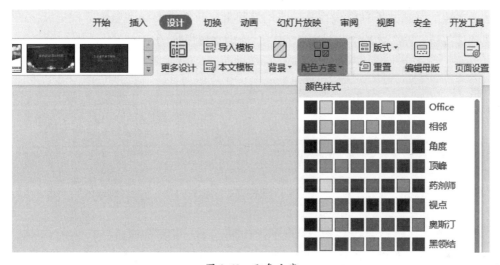

图 2-68　配色方案

如果需要进一步修改字体或效果，可以单击"设计"选项卡下的"编辑母版"按钮，即可进入幻灯片母版的编辑状态，在"幻灯片母版"选项卡下，可以通过单击"主题"按钮统一设置演示文稿的颜色、字体和效果，如图 2-69 所示。

图 2-69　"主题"修改

若是只需要修改颜色、字体或效果，则可以直接单击"主题"按钮边上的"颜色"按钮、"字体"按钮或"效果"按钮，选择合适的选项单击使用，如图 2-70 所示。

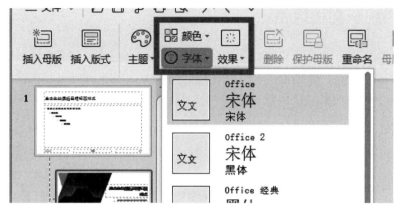

图 2-70　修改颜色、字体、效果

　　演示文稿的美感并不只体现在某一张幻灯片上，我们需要做到整体的视觉风格的统一，使得视觉具备延续性，才能更好地吸引用户，达到文稿设计的目的。

第 3 章

WPS表格的高级应用

WPS 表格是 WPS Office 软件套装中的一个主要模块，通过应用数据表格实现对数据的输入、规范管理和排版，继而对数据进行运算和管理，最终实现对数据的统计和分析、可视化处理并输出。WPS 表格高级应用的重点在于数据的综合处理，实现数据的可视化呈现，美化数据图表并按需输出。

- 进一步掌握 WPS 表格的常用功能，尤其是规范应用。
- 掌握函数的组合与嵌套应用。
- 能制作组合图、动态图表等。
- 掌握数据的分类汇总和分级显示。
- 会创建数据透视图表，并进行编辑。
- 掌握商业图表的制作，并实现图表的美化、输出。
- 结合我国网络空间安全领域的法规和国家标准，实现对表格软件的安全应用。

- WPS 表格数据的可视化处理。
- WPS 表格的商业图表制作。
- WPS 表格数据图表美化。
- WPS 表格综合案例的学习与应用。

3.1　表格数据的可视化

俗话说"数据是会说话的"，我们不仅要懂得如何分析数据，提取出有用的数据，更重要的是让数据产生价值，让客户买单，让领导赞同并采纳建议。

面对复杂难懂且体量庞大的数据，图表的信息呈现要更直观、易于理解，那么什么是数据可视化？顾名思义，数据可视化就是将数据转换成图或表等，以一种更直观的方式展现和呈现数据。通过"可视化"的方式，我们看不懂的数据通过图形化的手段有效地表达，准确高效、简洁全面地传递某种信息，甚至帮助我们发现某种规律和特征，挖掘数据背后的价值。

在本节内容中，我们就从数字的格式化处理开始，通过函数的组合与嵌套实现数据的综合处理，再对数据按需进行分类汇总、分级显示、综合设计，提炼数据的规律和特征，设计数据透视图表等可视化形式，呈现数据的挖掘结论。

3.1.1　数字格式代码

单元格（Cell）是 WPS 表格的最基本单位，以常用的 WPS 表格兼容的".xlsx"表格为例，每页工作表（Sheet）由 1 048 576 行（Row）和 16 384 列（Column）的单元格构成。

　　设置单元格格式是数据处理的基本操作，打开"单元格格式"对话框，如图 3-1 所示，选择"数字"选项卡，在"分类"列表中默认为"常规"选项，它不包含任何特定的数字格式，除了常规应用，该格式还常用于公式和函数编辑应用环境。

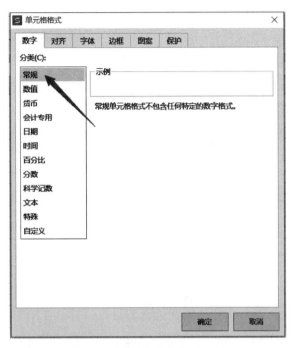

图 3-1　"单元格格式"对话框

　　数字格式代码就是指单元格内容数据的格式设置，它默认由 4 段代码组成，中间用英文分号间隔。自定义数字格式代码是指用户可以按照数字格式代码的规则，灵活设计，以实现表格数据的按需呈现。

1. 数字格式代码规则

　　完整的数字格式代码规则的组成结构为：大于条件值的格式；小于条件值的格式；等于条件值的格式；文本格式。

　　在默认情形下，条件值为 0，上述格式代码的组成结构为：正数的格式；负数的格式；零的格式；文本格式。

　　例如，我们要对指定的单元格进行自定义设置，希望输入一个正数 123 时，其显示为"正数 123"；输入一个负数 456 时，其显示为"负数 -456"；输入数字 0 时，其显示为"零"；若输入的内容不是数字而是文本时，则显示红色。此时，我们可以对相关单元格格式进行设置，如图 3-2 所示，其自定义数字格式代码如下：

　　" 正数 "#;" 负数 "-#;" 零 "；[红色]G/ 通用格式

　　之后，在指定单元格输入相关内容，即可按自定义数字格式呈现。例如，输入数字 0，该单元格显示"零"，如图 3-3 所示。

注意：单元格的数字格式代码修改后，并不影响相关单元格的运算功能及其结果，请读者自行编写公式进行测试。

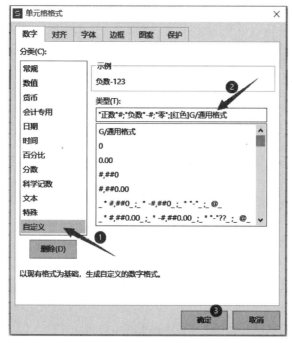

图 3-2　自定义数字格式代码

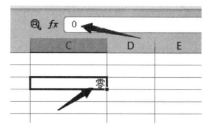

图 3-3　单元格内容显示

2. 自定义数字格式代码结构

数字格式代码并不限定于4段，用户可以对数字格式代码结构进行灵活设置，代码结构的区段数还可以有1段、2段、3段等其他结构。

（1）数字格式代码结构为1段。

该格式代码作用于所有类型的数字。例如：

"正数"#

此时，相关单元格输入内容后的呈现效果如表3-1所示。

表 3-1　数字格式代码结构为 1 段

输入值	显示为
123	正数 123
−456	− 正数 456
0	正数
abcd	abcd

（2）数字格式代码结构为2段。

第1区段作用于正数和零值，第2区段作用于负数。例如：

"正数" #;"负数" -#

此时，相关单元格输入内容后的呈现效果如表 3-2 所示。

表 3-2　数字格式代码结构为 2 段

输入值	显示为
123	正数 123
–456	负数 –456
0	正数
abcd	abcd

（3）数字格式代码结构为 3 段。

第 1 区段作用于正数，第 2 区段作用于负数，第 3 区段作用于零值。例如：

"正数" #;"负数" -#;"零"

此时，相关单元格输入内容后的呈现效果如表 3-3 所示。

表 3-3　数字格式代码结构为 3 段

输入值	显示为
123	正数 123
–456	负数 –456
0	零
abcd	abcd

3. 常用自定义数字格式代码及应用示例

注意：下列的数字格式代码除中文字符外，其他字符编写均使用英文半角输入。

（1）G/ 通用格式：不设置任何格式，按原始输入的数据显示。

（2）#：数字占位符，只显示有效数字，不显示无意义的 0，如表 3-4 所示。

表 3-4　数字格式代码 #

数字格式代码	输入值	显示为
#.##	3.14159	3.14
#.##	123	123.
#.##	0	.
#	3.14159	3

（3）0：数字占位符，当数据长度比代码的字符少时，显示无意义的 0，如表 3-5 所示。

表 3-5　数字格式代码 0

数字格式代码	输入值	显示为
000.00	123.45	123.45
000.00	3.14159	3.14159
000.00	23	023.00
000.00	0	000.00

（4）?：数字占位符，按设置的数字代码占位符长度，在输入数字的小数点两侧增加空格，如表 3-6 所示。

表 3-6　数字格式代码 ?

数字格式代码	输入值	显示为
???.??	123.45	123.45
???.??	−3.45	−3.45
???.??	0	.
???.??	0.123	.12

（5）%：把数字转换为百分数（注意："先设置单元格数字代码再输入数字"与"先输入数字再设置数字代码"，两者结果不同，表 3-7 为前者），如表 3-7 所示。

表 3-7　数字格式代码 %

数字格式代码	输入值	显示为
00.0%	12.3	12.3%
00.0%	12.345	12.3%
00.0%	0	00.0%
00.0%	1234.56	1234.6%

（6）*：使用数字代码中该符号右侧的下一个字符填充整个单元格列宽（填满为止），如表 3-8 所示。

表 3-8　数字格式代码 *

数字格式代码	输入值	显示为
*+#	123	+++++++++++++++++123
*+#	123.456	+++++++++++++++++123
*+#	0	++++++++++++++++++++

（7）_：短下画线，它表示数字占位符。在小数点左侧时，每个数字占位符实际显示为在小数点左侧的一个空格，可以有多个占位符；在小数点右侧时，以最靠近小数点的数字

占位符为准，尾数进行四舍五入，且占位符显示为空格，如表 3-9 所示。

表 3-9 数字格式代码 _

数字格式代码	输入值	显示为
0_).00	1.234	1 .23
0_).00	−1.234	−1 .23

（8）@：文本占位符，使用单个 @ 符号时，输入的内容相当于替换到该符号位置，如表 3-10 所示。

表 3-10 数字格式代码 @

数字格式代码	输入值	显示为
"学院"@"专业"	计算机	学院计算机专业
"学院"@"专业"	汉语言文学	学院汉语言文学专业
"学院"@"专业"	123	学院 123 专业

（9）[颜色]：为输入内容的指定数据设置颜色，如可以为负数指定为红色显示等。常用的颜色有：[black]/[黑色]，[white]/[白色]，[red]/[红色]，[cyan]/[青色]，[blue]/[蓝色]，[yellow]/[黄色]，[magenta]/[紫红色]，[green]/[绿色] 等。中英文均可，如表 3-11 所示。

表 3-11 数字格式代码 [颜色]

数字格式代码	输入值	显示为
#;[红色]-#	123	123
#;[红色]-#	−123	−123（显示红色）
#;[red]-#	−123	−123（显示红色）

（10）" 文本 "：显示英文双引号内的文本内容，与输入的数据按规则拼接成一个新的字符串，如表 3-12 所示。

表 3-12 数字格式代码 "文本"

数字格式代码	输入值	显示为
" 数字 "#	123	数字 123
" 数字 "#	−123	− 数字 123
" 数字 "#	0	数字
" 数字 "#	Abc	Abc

（11）[条件值]：设置的格式条件。如前文所述，默认时以零为比较值，若设置条件值，则数字格式的每段代码按格式条件执行，如表 3-13 所示。

表 3-13　数字格式代码 [条件值]

数字格式代码	输入值	显示为
[红色][<60]0;[蓝色][>=60]0	56	56（显示红色）
[红色][<60]0;[蓝色][>=60]0	60	60（显示蓝色）
[红色][<60]0;[蓝色][>=60]0	−123.45	123（显示红色）
[红色][<60]0;[蓝色][>=60]0	123.45	123（显示蓝色）

此外，当单元格显示日期时间信息的时候，也可以自定义数字代码格式。例如，需要在单元格中显示详细的时间信息，如 2021 年 8 月 26 日星期四 9 时 12 分 34 秒，则设计自定义数字格式代码如下：

yyyy" 年 "m" 月 "dd" 日 "aaaa h" 时 "mm" 分 "ss" 秒 "

在相关单元格设置自定义数字格式代码，如图 3-4 所示，实际显示效果将与"单元格格式"对话框的"示例"显示一致。

图 3-4　日期时间的自定义数字格式代码

上述的数字格式代码可以灵活搭配，以统一相关单元格的数据格式，实现数据表相关字段所需的呈现格式。

3.1.2　函数的组合与嵌套

1. 函数的基础应用

WPS 表格对于数据的处理，不仅表现在求和、求平均数等这些简单的运算上，而且还能进行复杂的运算，甚至还可以用它来完成复杂的统计管理表格制作或小型数据库系统的数据分析。这些强大的功能都基于对公式和函数的使用。

公式是包括下列要素的数学算式：数值、引用、名称、运算符和函数。所有的公式都以等号"="开头。

（1）算术运算：对于公式，可使用多种数学运算符号来完成，如 +、-、*、/、%、^（乘方）等，当然，还可以使用括号进行优先运算。

算术运算符优先级：( )、-（负号）、%、^、*、/、+、-。

例如，在 A3 单元格中输入公式：

=(3*2^3/6)%

按〈Enter〉键后，A3 单元格显示计算结果 0.04。

（2）比较运算：使用比较运算符，根据公式来判断条件，返回逻辑结果 TRUE（真）或 FALSE（假）。

常见的比较运算符：=、<>、<、>、>=、<=。

例如，在 A4 单元格中输入公式：

=1=1

按〈Enter〉键后，A4 单元格显示计算结果 TRUE。

（3）文本连接运算：文本连接运算符 &（连接字符串）用来将一个或多个文本连接成为一个字符串文本。

例如，在 A5 单元格中输入公式：

="WPS"&" 办公软件 "

按〈Enter〉键后，A5 单元格显示计算结果：WPS 办公软件。

（4）引用运算：单元格作为一个整体以单元格地址的描述形式参与运算称为单元格引用，常见的有独立地址和连续地址的引用。

多个独立地址，各地址用英文逗号分隔，如"=SUM(A1,B2,C3)"，表示对 A1、B2 和 C3 这 3 个单元格求和。

连续地址，首尾地址用英文冒号连接，如"=SUM(A1:A3)"，表示计算 A1 到 A3 这 3 个单元格的和。

在公式和函数的单元格引用中，还可以把独立地址和连续地址的引用合并在一个表达式中。

（5）优先级顺序：上述 4 类运算的优先顺序为引用运算、算术运算、文本连接运算、比较运算。如果一个公式中的多个运算符具有相同的优先顺序，那么应该按照等号开始从左向右的顺序进行计算；如果公式中的多个运算符属于不同的优先顺序，则按照运算符的优先级进行运算。

2. 函数的基本应用

（1）函数的概念。

在 WPS 表格中，可以使用函数对数据实行指定的运算，不仅书写简单，而且可以达到普通公式难以实现的功能。函数的结构以函数名称开始，后面是左括号、以逗号分隔的参数和右括号，如图 3-5 所示。

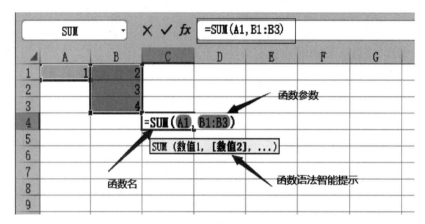

图 3-5　函数表达式应用

若函数以公式的形式出现，则必须在函数名称前面输入"="；在创建包含函数的公式时，公式选项板将提供相关的帮助。

（2）单元格引用。

在 WPS 的公式和函数应用中，单元格引用可以分为 3 种类别：相对引用、绝对引用、混合引用。

① 相对引用：把一个含有单元格地址的公式复制到一个新的位置后，公式中的单元格地址会随之改变。默认的单元格引用就是相对引用方式。

例如，在单元格 B3 中输入公式：

=A1+A2

然后，复制 B3 单元格，直接粘贴到 C3 单元格，则 C3 单元格内容为：

=B1+B2

也就是说，目标单元格 B3→C3，向右移了 1 列，故其公式中相对引用的单元格也同步向右移 1 列，从 A 列变成了 B 列。

② 绝对引用：把公式复制到新位置时，单元格的地址不变。设置绝对地址需要在行号和列号前加符号"$"，一般地，可以选中相关单元格，按快捷键〈F4〉进行转换操作。

例如，在单元格 B3 中输入公式：

=$A$1+$A$2

然后，复制 B3 单元格，直接粘贴到 C3 单元格，则 C3 单元格内容为：

=$A$1+$A$2

也就是说，虽然目标单元格 B3→C3，向右移了 1 列，但因其公式中使用了绝对引用的单元格，故复制到新的目标单元格后，其公式的内容不变。

③ 混合引用：在单元格地址中，既包含相对地址引用又包含绝对地址引用。

有时候希望公式中使用单元格引用的一部分固定不变，而另一部分自动改变。例如，行号变化，列号不变，或者列号变化，行号不变，这时可以采用混合引用。例如：$B2 表示列号 B 不变，行号可以改变；A$4 表示列号 A 变化，而行号 4 不变。

3. 函数的组合应用

在表格的常规计算中，单独的函数功能适用、操作简单，但遇到较为复杂的运算需求时，我们需要把若干函数组合在一起进行计算，这就是函数的组合应用。下面，通过几个典型的函数组合案例进行说明。

（1）闰年计算。

在 A1 单元格计算并显示当前年份是否为闰年，若是闰年，则显示 TRUE；若不是闰年，则显示 FALSE。

闰年的基本算法：4 位数年份，如果能被 4 整除且不能被 100 整除，或者能被 400 整除，则该年份为闰年。

① 使用日期与时间函数，获取当前年份。

在 WPS 表格的内置函数中，"日期与时间"类函数包含了大量的相关计算功能。我们在 A1 单元格插入函数，如图 3-6 所示。

选择年份函数 YEAR 和当前日期和时间函数 NOW（也可以使用 TODAY），组合获得当前年份（假设当前的年份为 2021 年）：

=YEAR(NOW())

显示值为 2021。

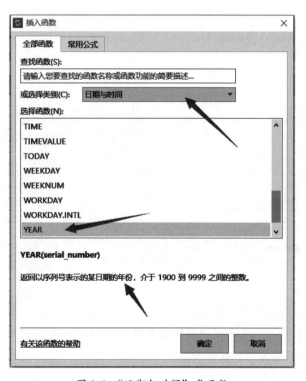

图 3-6　"日期与时间"类函数

② 使用数学函数，计算年份的整除值。

使用 MOD 函数，可以计算两数相除的余数，其可作为判断年份是否能被 4、100、400 整除的条件。例如，获取年份是否被 4 整除：

=MOD(YEAR(NOW()),4)

也可以使用插入函数向导对其进行编辑，如图 3-7 所示。

图 3-7　MOD 函数计算年份的整除

③ 使用逻辑函数，判断闰年条件。

符合闰年的情形有两种：一是年份能被 4 整除且不能被 100 整除，二是年份能被 400 整除。

先看第一种情形，需要同时符合两个条件，故使用逻辑函数中的 AND 函数，写作：

=AND(MOD(YEAR(NOW()),4)=0,MOD(YEAR(NOW()),100)<>0)

也可以使用插入函数向导进行编辑，如图 3-8 所示。

再看闰年的第二种情形，仅需判断当前年份是否被 400 整除，写作：

= MOD(YEAR(NOW()),400)=0

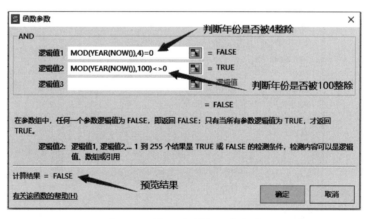

图 3-8　逻辑函数判断闰年条件

④ 组合各函数，实现闰年计算。

根据上述步骤的计算，已实现了两种符合闰年条件的计算，这两个条件是"或者"关系，最终我们使用逻辑函数 OR 进行组合，写作：

=OR(AND(MOD(YEAR(NOW()),4)=0,MOD(YEAR(NOW()),100)<>0),MOD(YEAR(N

OW()),400)=0)

逻辑函数 OR 的返回值为逻辑值 TRUE 或 FALSE，通过上述计算，当前年份（2021）不满足任何一个闰年条件，故返回值为 FALSE，符合本案例的需求，闰年计算完成。

（2）成绩查询。

根据一个学生成绩表，设计成绩查询功能，输入学生学号和考试科目，就能自动显示相关的成绩。成绩查询界面如图 3-9 所示，在"成绩查询"区域，在 K3 单元格中输入需要查询成绩的学生的学号，在 L3 单元格中输入考试科目，可以在 M3 单元格显示相关成绩。

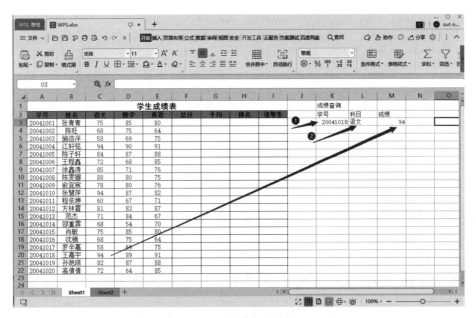

图 3-9　成绩查询界面

① 使用 MATCH 函数，获得学号和科目的定位。

在学生成绩表中，学号区域为 A3:A22，考试科目区域为 C2:E2，考试分值区域为 C3:E22。

现需要从学号区域找到指定学号的位置，故使用"查找与引用"类函数中的 MATCH 函数。MATCH 函数与 LOOKUP 函数不同，前者返回指定值在查找范围（数组）中的相应位置，后者则是匹配获取相关的单元格内容。

获得指定学号在学号区域的位置，函数设计为：

MATCH(K3,A3:A22,0)

获得指定考试科目在考试科目区域的位置，函数设计为：

MATCH(L3,C2:E2,0)

② 使用 INDEX 函数，获得考试成绩。

INDEX 函数返回表或区域中的值或值的引用，语法结构为：

INDEX(数组 , 行序数 ,[列序数],[区域序数])

本案例中，array（数组）为学生考试分值区域 C3:E22，row_num（行序数）为该区域中的行号，column_num（列序数）为该区域中的列号。编写最终的函数组合代码为：

=INDEX(C3:E22,MATCH(K3,A3:A22,0),MATCH(L3,C2:E2,0))

完成函数编写后，即可实现成绩查询功能。

（3）根据身份证号码，计算当前年龄。

本案例中，需要根据每个人的身份证信息，自动获取出生日期信息，并按当前年份进行年龄计算，年龄要求按周岁计算（当前日期达到出生日期后才计入年龄）。完成年龄计算后的数据如图 3-10 所示。

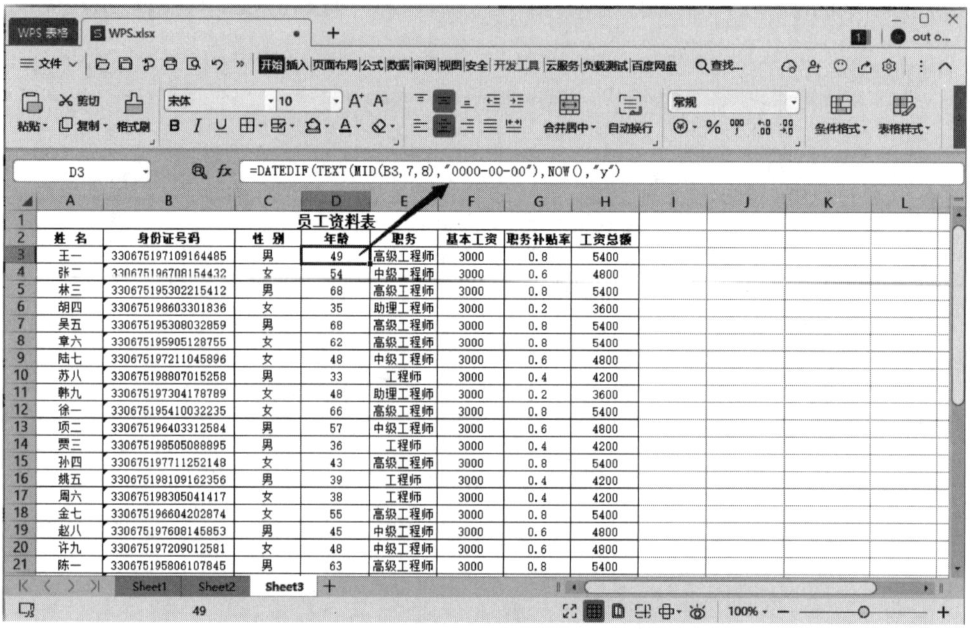

姓 名	身份证号码	性 别	年龄	职务	基本工资	职务补贴率	工资总额
王一	330675197109164485	男	49	高级工程师	3000	0.8	5400
张二	330675196708154432	女	54	中级工程师	3000	0.6	4800
林三	330675195302215412	男	68	高级工程师	3000	0.8	5400
胡四	330675198603301836	女	35	助理工程师	3000	0.2	3600
吴五	330675195308032859	男	68	高级工程师	3000	0.8	5400
章六	330675195905128755	女	62	高级工程师	3000	0.8	5400
陆七	330675197211045896	女	48	中级工程师	3000	0.6	4800
苏八	330675198807015258	男	33	工程师	3000	0.4	4200
韩九	330675197304178789	女	48	助理工程师	3000	0.2	3600
徐一	330675195410032235	女	66	高级工程师	3000	0.8	5400
项二	330675196403312584	男	57	中级工程师	3000	0.6	4800
贾三	330675198505088895	男	36	工程师	3000	0.4	4200
孙四	330675197711252148	女	43	高级工程师	3000	0.8	5400
姚五	330675198109162356	男	39	工程师	3000	0.4	4200
周六	330675198305041417	女	38	工程师	3000	0.4	4200
金七	330675196604202874	女	55	高级工程师	3000	0.8	5400
赵八	330675197608145853	男	45	中级工程师	3000	0.6	4800
许九	330675197209012581	女	48	中级工程师	3000	0.6	4800
陈一	330675195806107845	男	63	高级工程师	3000	0.8	5400

图 3-10 根据身份证号码计算当前年龄

本例计算中，有人可能认为，只要取身份证的 4 位出生年份，然后以当前年份减去出生年份就可以了，如：

=YEAR(NOW())-MID(B3,7,4)

但以数据表中的第一条记录“王一”的身份证号码“330675197109164485”进行计算，得到的结果却是 50，与图中出现了偏差。仔细查看身份证号码，发现出生日期为“0916”，原来当前日期（8 月 26 日）未到生日，故按题意不能计入本年份。可见，还需要用其他函数进一步改进方法，达到案例的预定要求。

① 使用文本函数，将数值转换为日期格式。

从身份证号码特征可知，使用 MID(B3,7,8) 即可获取出生年月日的数字，但它不是日期格式。我们结合数字格式代码，以“0000-00-00”格式表示年月日的 8 个数字；并用 TEXT 函数进行转换，函数组合为：

=TEXT(MID(B3,7,8),"0000-00-00")

此时从身份证获得出生日期的时间格式为“1971-09-16”。

② 使用日期和时间函数，计算两个日期之间的差值。

在日期和时间函数中，DATEDIF 函数的基本语法为：

DATEDIF(Start_Date,End_Date,Unit)

其中，DATEDIF 可以理解成由 DATE 和 DIFFERENCE 两个单词拼合而成，表示日期之差，在该函数中，便是 Start_Date 和 End_Date 两个日期之差。而 Unit 表示日期之差的返回类型，可以为年，用 "y" 表示；也可以为月用 "m" 表示；还可以为日，用 "d" 表示。

这样，在本案例中，End_Date 为当前日期，用 NOW 或 TODAY 表示；Start_Date 为出生日期，用 TEXT(MID(B3,7,8),"0000-00-00") 表示；Unit 使用 "y"。DATEDIF 函数在计算中，已内置了日期的比较，能按案例要求准确计算年龄值，最终的函数组合设计如下：

=DATEDIF(TEXT(MID(B4,7,8),"0000-00-00"),NOW(),"y")

通过在表格的"年龄"列中输入上述函数公式后，进行全列填充，完成相关的年龄计算。

说明：通过修改身份证的出生日期是否大于当前日期，可以看到计算的年龄有 1 岁之差。

4. 函数的嵌套应用

与函数组合应用的需求相似，在复杂计算中，也需要函数的嵌套来完成。下面，通过几个典型的函数嵌套案例进行说明。

（1）成绩等级评定。

成绩等级评定是一个常见的应用，例如，要求把考试成绩分为 3 个等级：90 分及以上为优秀，60 分以下为不合格，其他成绩为合格。

在 WPS 表格中，可以使用 IF 函数的嵌套实现成绩等级评定。根据上述要求，编写函数嵌套代码如下：

=IF(C2>=90," 优秀 ",IF(C2>=60," 合格 "," 不合格 "))

如何输入呢？如图 3-11 所示，打开"插入函数"对话框，插入 IF 函数并输入前两个参数（C2>=90," 优秀 "），然后执行以下操作。

① 将光标定位到要插入嵌套函数的第三个参数文本框内。

② 单击图示位置的向下箭头，在弹出的下拉列表中选择要嵌套的函数 IF；若加入列表中无所需函数，则单击最下方的"其他函数"命令，打开"插入函数"对话框进行选择。

③ 当单击要嵌套的函数 IF 时，会又弹出一个空白的 IF 函数参数设置对话框，注意此时设置的是内层 IF 函数的参数。

④ 根据需求填入 3 个参数（C2>=60," 合格 "," 不合格 "）。

⑤ 仔细观察编辑栏上的公式，当我们在编辑栏中单击外层 IF 函数的某处时，"函数参数"对话框显示的是外层 IF 函数的参数设置，而当我们在编辑栏中单击内层 IF 函数时，"函数参数"对话框显示的是内层 IF 函数的参数设置，我们可以自由切换两个 IF 函数的参数设置对话框，进行具体设置和核对。

⑥ 单击"确定"按钮，完成函数嵌套的输入。

⑦ 最后，选择 D2 单元格右下角的填充柄，双击填充柄，完成"等级"列的自动填充，操作完成。

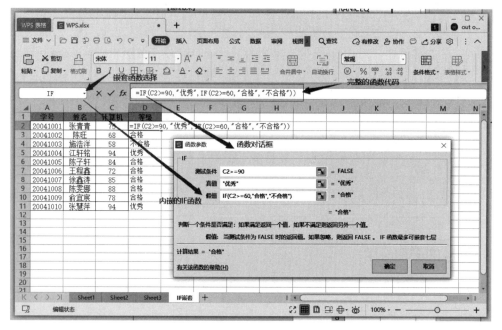

图 3-11　IF 函数嵌套的操作

（2）个人所得税计算。

IFS 函数通过判断是否满足一个或多个条件，返回与第一个 TRUE 条件对应的值。其语法如下：

```
IFS(logical_test1,value_if_true1,[logical_test2,value_if_true2],[logical_
test3,value_if_true3],…)
```

IFS(测试条件 1, 真值 1,[测试条件 2, 真值 2],[测试条件 3, 真值 3], …)

也就是说，IFS 函数在对多个条件进行判断的过程中，遇到第一个为 TRUE 的测试条件，就返回其对应的真值（后面的测试条件即被忽略）。IFS 函数可以取代多个嵌套 IF 语句，并且可通过多个条件更轻松地读取。

本案例要求根据个人所得税税率表，计算每位职工的所得税，如图 3-12 所示。

以表格中的第一位职工的所得税单元格 J10 为例，其对应的编辑栏公式为：

```
=IFS(I10<=5000,0,I10<=8000,(I10-5000)*0.03,I10<=17000,(I10-8000)*0.1+$D$4,
I10>17000,"待审核")
```

分析该公式可得到以下结论。

① 当应发工资单元格 I10 不超过 5 000 元时，所得税为 0。

② 当应发工资超过 5 000 元时，继续判断是否超过 8 000 元，如果在 8 000 元以内，则税额为 (I10-5000)*0.03。

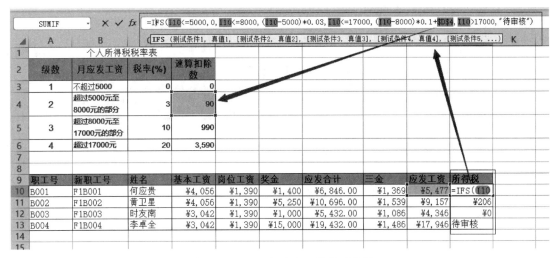

图 3-12　IFS 函数的个人所得税计算

③ 当应发工资超过 8 000 元，不超过 17 000 元时，税额为 (I10-8000)*0.1+$D$4，其中 $D$4 是 3000*0.03 的速算扣除数。

④ 当应发工资超过 17 000 元时，假设本单位职工工资中一般没有超出这个值的，因此，为避免意外，在这里输入"待审核"，从而若真的有人工资达到该档，则可以按提示进行审核处理。

⑤ 将此公式通过双击单元格填充柄进行自动填充，所得税计算结束。

IFS 函数实现了对多个条件的判断，在表达形式上比 IF 函数嵌套更简洁，在能满足替代的情况下可以优先使用 IFS 函数。

（3）停车收费。

在上一个案例中，我们使用 IFS 函数代替 IF 函数嵌套，获得了更为简单实用的多条件判断。但是，并不是多个 IF 函数嵌套的情形都可以使用 IFS 函数实现。例如，本案例要实现根据停车时间的长短进行收费，收费标准如下：停车按小时收费，对于不满 30 分钟的免费，达到 30 分钟至一个小时的按照一个小时计费；对于超过整点小时数 15 分钟（包含 15 分钟）的多累积一个小时；每小时计费按表格中指定的不同车型标准，小汽车 5 元，中客车 8 元，大客车 10 元。

分析：该案例中，停车一小时内有两个分支选择，在停车超出一小时后，又按是否超出 15 分钟判断是否累加一小时。此时，若采用 IFS 函数反而很困难，使用 IF 函数的双分支结构更为合适。同时，结合函数组合的功能，使用时间函数 HOUR 和 MINUTE 获取停放时间的小时数和分钟数，生成 IF 函数的判断条件，使用函数的组合与嵌套综合应用。

整个案例的数据和收费计算结果（"应付金额"列）如图 3-13 所示。

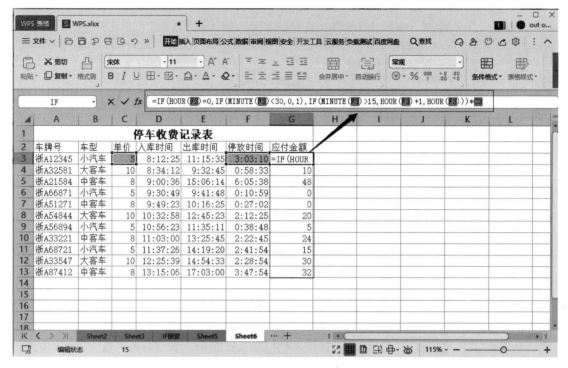

图 3-13　函数的组合与嵌套应用

① 分析停车收费的 IF 函数嵌套逻辑，如图 3-14 所示。

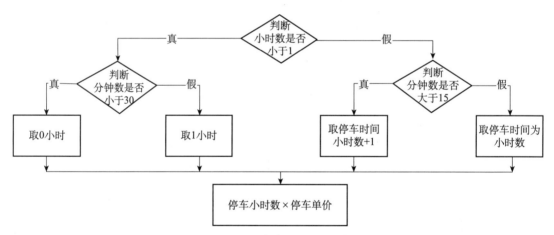

图 3-14　停车费用的逻辑分析

② 完成函数组合与嵌套。

以 G3 单元格为开始，根据停放时间单元格 F3，按照上述逻辑流程，设计函数公式如下：

```
=IF(HOUR(F3)=0,IF(MINUTE(F3)<30,0,1),IF(MINUTE(F3)>15,HOUR(F3)+1,HOUR(F3)))
*C3
```

按〈Enter〉键确定后，获得 G3 单元格的值为 15，即为停车应付金额。

③ 完成全部停车记录的应付金额计算。

选择 G3 单元格，双击其填充柄，完成全部停车记录的应付金额计算。

3.1.3　图表设计

WPS 表格不仅具备强大的数据整理、统计分析的能力，而且还可以用于制作各种类型的图表。图表基于数据表，利用条、柱、点、线、面等图形按单向联动的方式组成。合理的数据图表，会更直观地反映数据间的关系，比用数据和文字描述更清晰、更易懂。图表有助于数据可视化，把数据对受众产生的影响直观化、最大化。

1. WPS 表格图表

现有一组业务员销售情况的数据，如图 3-15 所示。通过公式和函数进行数据的运算统计，虽然内容准确，但在有较大数据量的情况下，阅读者对数据和文字缺乏直观、形象的感受。将数据转换成图表呈现，可以帮助阅读者更好地了解数据间的比例关系及变化趋势，对研究对象做出合理的推断和预测。

下面，我们通过对数据表创建和编辑图表的操作过程，实现对图表设计的应用。

（1）图表的创建。

选择表格区域 A1:E7，在 WPS 表格功能区操作：选择"插入"→"全部图表"→"折线图"命令，按默认选项单击"插入"按钮，完成图表创建。结果如图 3-16 所示。

	F8		fx	=SUM(F2:F7)	
	A	B	C	D	E	F
1	月份	张明	王敏	刘桂芳	赵敏	合计
2	7月	¥2,188.90	¥3,696.00	¥4,198.50	¥4,330.50	¥14,413.90
3	8月	¥3,504.60	¥4,461.40	¥5,240.20	¥2,052.60	¥15,258.80
4	9月	¥3,799.60	¥2,259.70	¥4,256.00	¥3,285.50	¥13,600.80
5	10月	¥4,188.90	¥3,554.10	¥5,856.20	¥2,607.20	¥16,206.40
6	11月	¥7,019.50	¥6,184.50	¥5,846.50	¥3,875.20	¥22,925.70
7	12月	¥4,290.20	¥3,293.60	¥6,039.40	¥6,549.00	¥20,172.20
8	合计	¥24,991.70	¥23,449.30	¥31,436.80	¥22,700.00	¥102,577.80
9						
10						

图 3-15　销售数据表

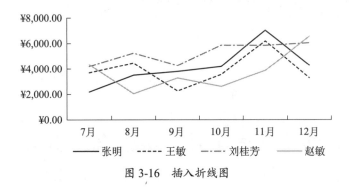

图 3-16　插入折线图

从创建的折线图，可以更直观地对比每个销售员的销售金额高低，还可以形象地查看每个销售员销售金额的波动以及发展的趋势等。

WPS 表格图表的类型丰富，常见的基本图表类型有柱形图、折线图、饼图、条形图、面积图、ＸＹ（散点图）、股价图、雷达图等，另外，还有由多个基本型图表组合而成的组合图等。

① 柱形图：适于比较数据之间的多少。

② 折线图：适于反映一组数据的变化趋势。

③ 饼图：比较适于反映相关数据间的比例关系。

④ 条形图：显示各个项目之间的比较情况，和柱形图有类似的作用。

⑤ 面积图：可显示每个数值的变化量，强调的是数据随时间变化的幅度。通过显示所绘制的数值的面积，可以直观地表现出整体和部分的关系。

⑥ ＸＹ（散点图）：用以展示数据在 X、Y 坐标系内的位置，突出表现数据分布情况。

⑦ 股价图：顾名思义，一般是根据股票交易的日期、开盘价、收盘价、最高价、最低价等数据，自动生成股价走势图。当然，也可以把它用于气温变化等数据统计方面。

⑧ 雷达图：又称蜘蛛网图，适用于从多个维度（四维以上）进行整个体系的比较分析，且每个维度必须可以排序。

（2）图表的编辑。

默认生成的图表，尚存在改进和自定义的需求，下面，我们对上述折线图进行进一步的编辑应用。

① 图表编辑的选项卡。

图表创建后，WPS 表格的功能区立即增加了"绘图工具""文本工具"和"图表工具"3个选项卡。"图表工具"是对图表的总体编辑，"绘图工具"和"文本工具"分别对图表的图形元素和文字元素进行详细编辑。

在"图表工具"选项卡中，可以更改图表类型、添加图表元素、更改颜色、设置图表格式和样式、切换行列等，如图 3-17 所示。

图 3-17 "图表工具"选项卡

在"文本工具"选项卡中，可以更改图表中的文字效果，包括文本字体和字型、文本填充、文本轮廓、文本效果等，如图 3-18 所示。

图 3-18 "文本工具"选项卡

在"绘图工具"选项卡中，可以更改图表中的绘图图形效果，包括图形形状、图形大小、图形填充和轮廓等，如图 3-19 所示。

图 3-19　"绘图工具"选项卡

WPS 的图表编辑功能繁多，我们按图表需要选择几个常用的编辑功能进行说明。

② 修改图表标题。

默认插入的图表只有"图表标题"字样，没有实际的意义。我们需要根据图表的表现内容定义一个图表标题。

在本案例中，切换至"文本工具"选项卡，将图表标题改为"销售趋势分析"，并继续修改图表标题的字体、字号、字体颜色等。

③ 编辑图表数据源。

在本案例"销售趋势分析"图表的制作和分析过程中，若发现图表不仅应显示每个员工的销售金额，而且还希望能呈现整体的合计销售情况，则可以重新编辑数据源，如图 3-20 所示。

选择图表，单击"图表工具"→"选择数据"命令，打开"编辑数据源"对话框，在"图表数据区域"文本框填入新的数据区域"= 图表 !$A$1:$F$7"，单击"确定"按钮。此时，图表将添加"合计"折线。

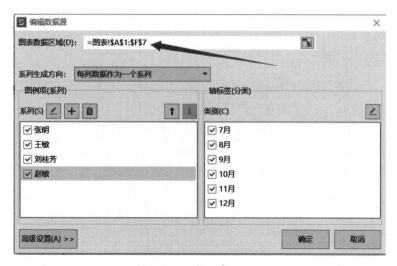

图 3-20　编辑图表数据源

④ 设置图表的颜色。

图表的颜色主要是数据系列的颜色，数据系列是整个图表的主体。

在本案例中，选中图表，切换到"绘图工具"选项卡。为了突出销售业绩最佳的折线，在图表中单击选中该折线，并单击"轮廓"按钮，在下列列表中选择"标准色"为红色，选择"虚线线型"为方点。这样，销售业绩最佳的折线能与其他线条显著区分。若要改变图表的大小，可单击选中图表，按住〈Shift〉键，再用鼠标指针拉伸图表 4 个角的控点，则能保持比例地实现图表的放大与缩小。

完成上述操作后，本案例的"销售趋势分析"折线图如图 3-21 所示。在本案例图表中，能更清晰地辨析销售业绩最佳的折线走势，并且突出显示了整体合计的销售业绩。单个员工的销售业绩容易波动，合计业绩走势更能反映整体的趋势，便于领导层对整体趋势的研判。

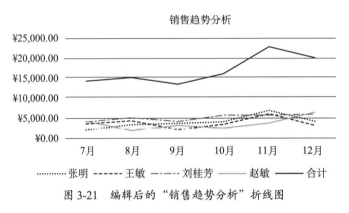

图 3-21　编辑后的"销售趋势分析"折线图

2. WPS 表格组合图

组合图是在一个图表中应用多种图表类型的元素来同时展示多组数据。组合图可以使图表类型更加丰富，还可以更好地区别不同的数据，强调不同数据关注的侧重点。

现有一个某产品生产经营表，如图 3-22 所示，记录了某产品 6 个月的成本、销售额和利润等数据。需要设计一个合理的图表，能展示该产品生产的经营状况和趋势。下面，使用 WPS 表格组合图进行描述。

	A	B	C	D	E
1	某产品生产经营表（单位：万元）				
2	月份	成本	销售额	利润	
3	1月	¥31.90	¥36.00	¥4.10	
4	2月	¥45.60	¥61.40	¥15.80	
5	3月	¥40.50	¥39.50	-(¥1.00)	
6	4月	¥42.20	¥46.60	¥4.40	
7	5月	¥37.60	¥45.70	¥8.10	
8	6月	¥41.90	¥58.10	¥16.20	
9					

图 3-22　某产品生产经营表

（1）插入组合图。

选择数据表区域 A2:D8，在 WPS 表格功能区操作：选择"插入"→"全部图表"→"组合图"命令，打开"插入图表"对话框；在对话框左侧功能列表中选择"组合图"选项，如图 3-23 所示。

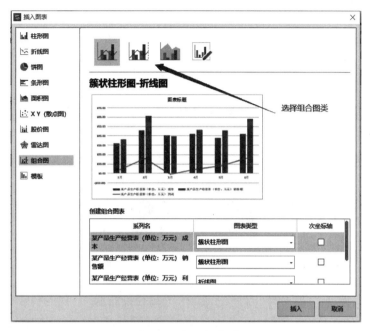

图 3-23　插入组合图

（2）修改组合图类型。

在"插入图表"对话框顶部，可以选择不同类型的组合图。默认的"簇状柱形图 - 折线图"从对话框的预览中可以看到概况，灰色的折线是指"利润"的走势折线，显得不够明显。此处，改为第 2 种组合图类型"簇状柱形图 - 次坐标轴上的折线图"，单击"插入"按钮，如图 3-24 所示。

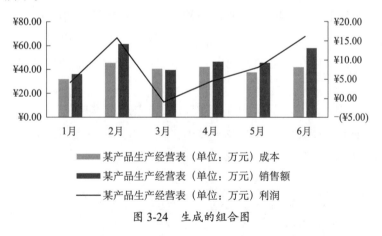

图 3-24　生成的组合图

在"簇状柱形图 - 次坐标轴上的折线图"中，增加了右侧的描述产品"利润"的次坐标轴，便于对利润值的识别。

此外，还可以参照前一个案例的折线图编辑，对组合图的文字标题、图形效果等进行编辑。

（3）自定义组合图。

组合图是可以自定义的，对于每一个数据列都可以用不同类型的图表进行表达。

在"插入图表"对话框中，在顶部选择"自定义组合"选项，然后再对不同的数据列选择不同的图表类型，最后单击"插入"按钮生成自定义组合图，如图 3-25 所示。

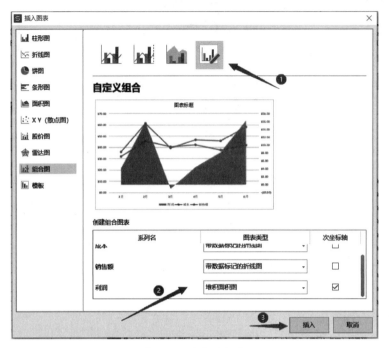

图 3-25　自定义组合

3. WPS 表格动态图表

动态图表是指基于原有数据表，结合窗体控件与公式和函数的应用，在 VBA 语言的后台支持下，实现图表随输入动态显示的效果。动态图表是 WPS 表格的高级应用，可以应用的范围很广。例如，可以在大量的数据中，按指定输入精确获取相应的局部数据和图表显示等。

现有一份数据表，记录了某车间的三位员工在生产过程中的用电量，基本数据如图 3-26 所示。若把所有数据在同一个图表中显示，虽然可以直观地识别总体，但不能实现精确、直观、灵活的对比。为此，采用动态图表的方式来呈现。

	A	B	C	D	E	F
1	月份	甲	乙	丙	预定耗电（度）	
2	1月	103	98	105	110	
3	2月	92	95	80		
4	3月	100	104	103		
5	4月	108	106	100		
6	5月	103	95	99		
7	6月	105	105	102		
8						

图 3-26　生产用电量对照

（1）获取 VBA 的支持。

假设当前计算机的 WPS 为默认安装应用状态。

① "VBA 环境支持"的对话框。

在 WPS 表格功能区操作：选择"插入"→"窗体控件组"→"组合框"命令，初次使用将会弹出"VBA 环境支持"的对话框，如图 3-27 所示。

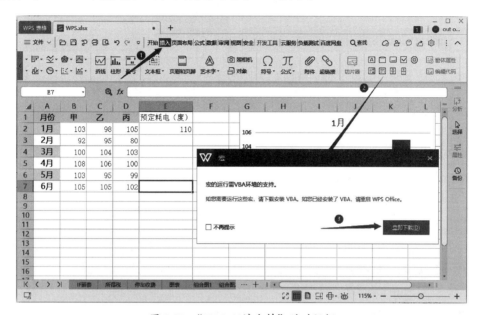

图 3-27 "VBA 环境支持"的对话框

② 下载 VBA 安装包。

一般情况下，单击"VBA 环境支持"的对话框的"立即下载"按钮，会自动打开浏览器进行安装包下载，如图 3-28 所示。若某些计算机未能自动打开下载，则手动打开浏览器，输入下载地址。

图 3-28 VBA 安装包下载

③ VBA 环境安装。

VBA 环境安装的过程比较简单，双击打开安装包，按提示进行默认安装，直至完成即可，如图 3-29 所示。

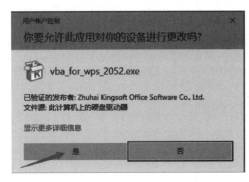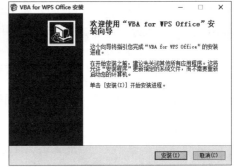

图 3-29　WPS 的 VBA 安装

默认安装完成后，重新打开 WPS 表格软件，系统会自动加载 VBA 环境的支持。

（2）插入窗体控件。

在 WPS 表格功能区操作：选择"插入"→"窗体控件组"→"组合框"命令，单击当前数据表的任何位置，"组合框"控件被自动添加到当前位置。

（3）设置控件对象格式。

右击组合框控件，在弹出的快捷菜单中选择"设置对象格式"命令，打开"设置对象格式"对话框，如图 3-30 所示。在"控制"选项卡下，进行相关设置。

① 数据源区域：选择数据表的 A2:A7，表示在后续的动态图表控制中，选择不同的月份，就能展示该月份下的三位员工的生产用电情况。

② 单元格链接：此项可以单击数据表之外的任何一个空白单元格，假设此处选择 F2 单元格。该单元格是实现图表动态显示的中间桥梁。

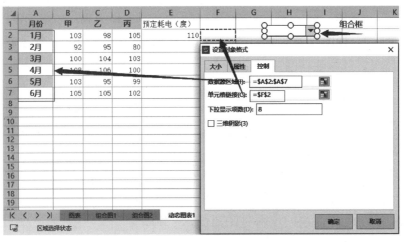

图 3-30　控件对象格式设置

单击"确定"按钮，完成控件设置。此时，单击组合框控件，组合框会显示下拉列表，显示"1月"到"6月"共6项内容，选择某个月份，如"3月"，则会在F2单元格显示数字3。

（4）使用函数创建动态数据表。

① 复制表头。

选择 A1:D1 复制表头，在原数据表外部区域，如选择 A9 单元格，粘贴表头。

② 插入函数，获取数据元素。

如图 3-31 所示，在 A10 单元格输入函数：

`=INDEX($A$2:$D$7,$F$2,COLUMN())`

表示在原数据表 $A$2:$D$7 区域，选择指定单元格：行号为 $F$2 单元格的值，列号为 COLUMN 函数（该函数获取当前单元格所属的列号）返回的值。此时，$F$2 单元格的值为 3，对应函数结果为"3 月"。

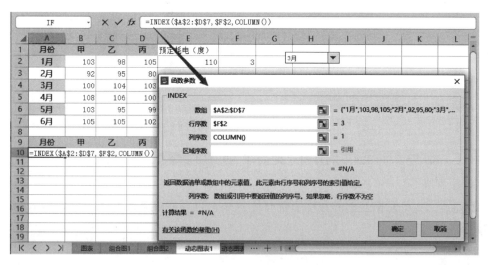

图 3-31　插入函数

③ 单元格函数填充。选择 A10 单元格填充柄，拖曳至 D10，完成单元格填充，对应完成了当前月份的相关数据显示，如图 3-32 所示。

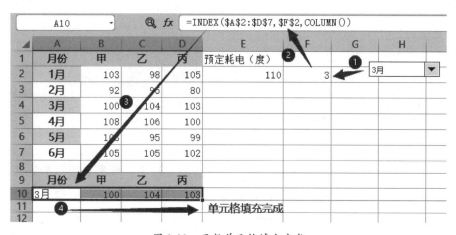

图 3-32　函数单元格填充完成

（5）创建动态图表。

选择 A9:D10，在 WPS 表格功能区操作：选择"插入"→"全部图表"→"柱形图"命令，打开"插入图表"对话框；默认设置，单击"插入"按钮，完成图表插入，如图 3-33 所示。

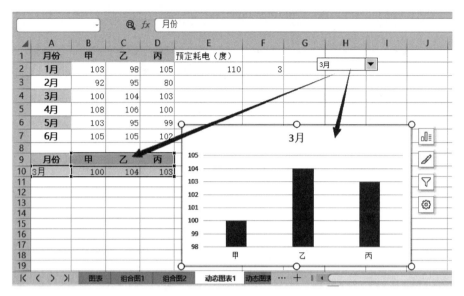

图 3-33 创建动态图表

之后，选择组合框内的不同月份，即会在 A9:D10 数据区和柱形图中自动刷新相关月份的数据，实现动态显示的效果。

如果感觉 F2 单元格显示的数字影响整体效果，可以隐藏该单元格的数据显示。如何实现？请读者自行尝试。

3.1.4 分类汇总与分级显示

WPS 表格提供分类汇总功能，可以快速地对一张数据表进行自动汇总计算。

当插入自动分类汇总时，WPS 表格将分级显示数据清单，以便为每个分类汇总显示和隐藏明细数据行。

分类汇总与分级显示的基本操作步骤如下。

① 先按分类汇总的分类字段排序，排序后该字段内容相同的记录被连续排在一起。

② 再设置"分类汇总"对话框，分类字段即为排序字段，汇总项（字段）按统计的目标勾选（可多选），汇总方式按需要选择。

③ 最后，按需要进行分级显示，关注不同级别的数据。

现有一份员工资料表，如图 3-34 所示，因其数据量较大，现需要通过数据表的分类汇总功能，以"职务"进行分类，对"基本工资"和"工资总额"进行汇总求和，查看该单位员工不同职务的工资总额，以及全体成员的工资总额。

1. 分类汇总

（1）选择数据表。

在员工资料表中，单击需要进行分类的字段的任一单元格，此处为"职务"字段。

姓　名	身份证号码	性　别	年龄	职务	基本工资	职务补贴率	工资总额
				员工资料表			
王一	7519710916	男	49	高级工程师	3000	0.8	5400
张二	7519670815	女	54	中级工程师	3000	0.6	4800
林三	7519530221	男	68	高级工程师	3000	0.8	5400
胡四	7519860330	女	35	助理工程师	3000	0.2	3600
吴五	7519530803	男	68	高级工程师	3000	0.8	5400
章六	7519590512	女	62	高级工程师	3000	0.8	5400
陆七	7519721104	女	48	中级工程师	3000	0.6	4800
苏八	7519880701	男	33	工程师	3000	0.4	4200
韩九	7519730417	女	48	助理工程师	3000	0.2	3600
徐一	7519541003	女	66	高级工程师	3000	0.8	5400
项二	7519640331	男	57	中级工程师	3000	0.6	4800
贾三	7519850508	男	36	工程师	3000	0.4	4200
孙四	7519771125	女	43	高级工程师	3000	0.8	5400
姚五	7519810916	男	39	工程师	3000	0.4	4200
周六	7519830504	女	38	工程师	3000	0.4	4200
金七	7519660420	女	55	高级工程师	3000	0.8	5400
赵八	7519760814	男	45	中级工程师	3000	0.6	4800
许九	7519720901	女	48	中级工程师	3000	0.6	4800
陈一	7519580610	男	63	高级工程师	3000	0.8	5400

图 3-34　员工资料表

（2）排序。

在 WPS 表格功能区操作：单击"开始"→"排序"命令。

若任务没有指定该字段的排序规则，则升序或降序都可以，此处操作选择降序。若有特殊排序需求，则进行"自定义排序"。

（3）分类汇总设置。

选择数据表区域 A2:H38，在 WPS 表格功能区操作：单击"数据"→"分类汇总"命令，打开"分类汇总"对话框，如图 3-35 所示。按任务需求设置分类字段为"职务"，汇总项为"基本工资"和"工资总额"，汇总方式为"求和"，单击"确定"按钮完成设置。

图 3-35　分类汇总设置

完成分类汇总后，结果如图 3-36 所示。

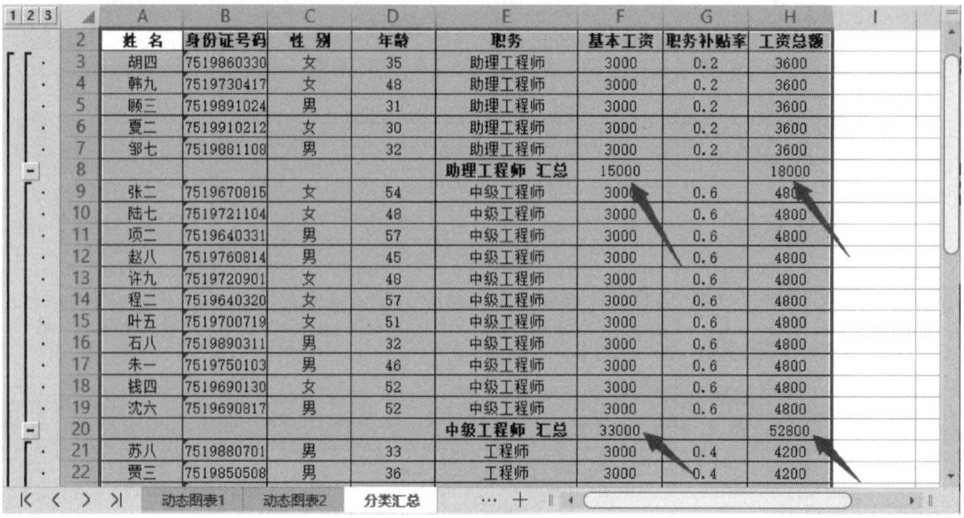

图 3-36　分类汇总结果

2. 分级显示

在上述案例中，完成分类汇总后，默认显示为第 3 级数据。也就是既有原始数据记录，又有分类后的汇总行，显示汇总信息。但是，当数据较多的时候，显示效果不够简洁，因此可以选择"分级显示"选项。

（1）第 2 级显示。

单击 WPS 表格的分类汇总结果的左上角"2"按钮，显示为第 2 级数据信息，如图 3-37 所示。

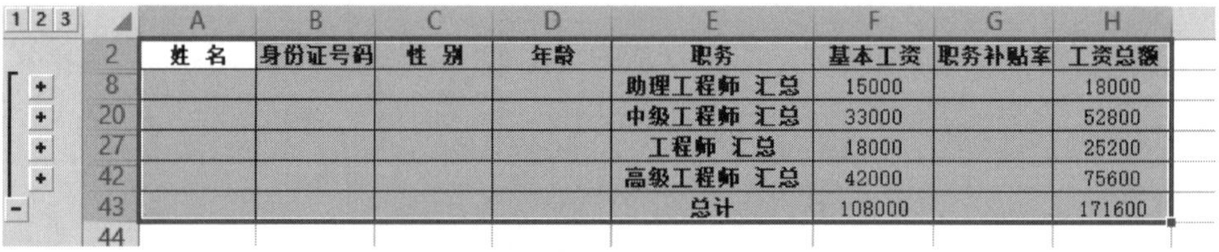

图 3-37　分类汇总第 2 级显示

在第 2 级显示下，仅呈现了各种职务的工资汇总和工资总计值，更适合结论性显示。

（3）第 1 级显示。

单击 WPS 表格的分类汇总结果的左上角"1"按钮，显示为第 1 级数据信息，如图 3-38 所示。

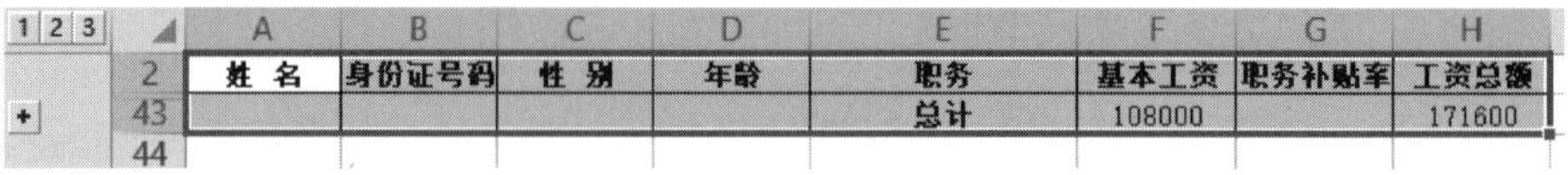

图 3-38　分类汇总第 1 级显示

在第 1 级显示下，仅呈现了工资总额。

3．分级显示按钮设置

在某些用户的计算机上，WPS 表格分类汇总后，可能不会显示分级显示按钮"1""2""3"，此时，需要进行补充设置。

（1）打开 WPS 表格"选项"对话框。

在 WPS 表格文件菜单操作：单击"文件"→"工具"→"选项"命令，如图 3-39 所示。

图 3-39　WPS 表格选项

（2）"选项"对话框设置。

打开"选项"对话框，如图 3-40 所示，在默认的"选项"对话框设置中，确认勾选"分级显示符号"复选框，单击"确定"按钮即可。

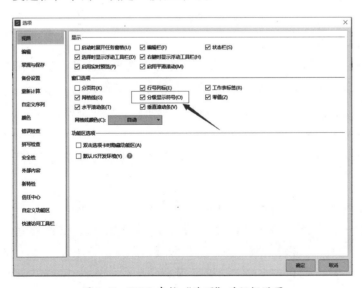

图 3-40　WPS 表格"选项"对话框设置

3.1.5 数据透视表

数据透视表是计算、汇总和分析数据的强大工具，它可以帮助人们了解数据中的对比情况、模式和趋势。

1. 创建数据透视表

现有一份员工资料表，如图 3-41 所示。现需要为其创建一份数据透视表，按"职务"统计"工资总额"，显示不同职务的工资支付情况。

	A	B	C	D	E	F	G	H
1					员工资料表			
2	姓 名	身份证号码	性 别	年龄	职务	基本工资	职务补贴率	工资总额
3	王一	330675197109164485	男	49	高级工程师	3000	0.8	5400
4	张二	330675196708154432	女	54	中级工程师	3000	0.6	4800
5	林三	330675195302215412	男	68	高级工程师	3000	0.8	5400
6	胡四	330675198603301836	女	35	助理工程师	3000	0.2	3600
7	吴五	330675195308032859	男	68	高级工程师	3000	0.8	5400
8	章六	330675195905128755	女	62	高级工程师	3000	0.8	5400
9	陆七	330675197211045896	女	48	中级工程师	3000	0.6	4800
10	苏八	330675198807015258	男	33	工程师	3000	0.4	4200
11	韩九	330675197304178789	女	48	助理工程师	3000	0.2	3600
12	徐一	330675195410032235	女	66	高级工程师	3000	0.8	5400
13	项二	330675196403312584	男	57	中级工程师	3000	0.6	4800
14	贾三	330675198505088895	男	36	工程师	3000	0.4	4200
15	孙四	330675197711252148	女	43	高级工程师	3000	0.8	5400
16	姚五	330675198109162356	男	39	工程师	3000	0.4	4200
17	周六	330675198305041417	女	38	工程师	3000	0.8	4200
18	金七	330675196604202874	女	55	高级工程师	3000	0.8	5400
19	赵八	330675197608145853	男	45	中级工程师	3000	0.6	4800
20	许九	330675197209012581	女	48	中级工程师	3000	0.6	4800

图 3-41 员工资料表

（1）选择数据表。

在员工资料表数据区，单击任一单元格。

（2）打开并设置"数据透视表"对话框。

① 在 WPS 表格功能区操作：单击"插入"→"数据透视表"命令，打开"创建数据透视表"对话框，如图 3-42 所示。

② 设置数据透视表的生成位置：选中"现有工作表"单选按钮，在 WPS 表格中选择拟放置数据透视表的工作表"数据透视表"，并单击该工作表的 A1 单元格，表示数据透视表放置在 A1 单元格开始的区域。单击"确定"按钮，完成对话框设置。

（3）构建数据透视表。

完成创建数据透视表后，在指定工作表中并未自动生成透视表，需要进行进一步的构建操作。

如图 3-43 所示，在数据透视表所属的工作表中，按任务要求，把"字段列表"的"职务"字段拖曳至下方"数据透视表区域"的"行"区域，把"字段列表"的"工资总额"字段拖曳至下方"数据透视表区域"的"值"区域，默认进行求和计算。

这样，在工作表的左上角完成了数据透视表的构建。在数据透视表中，显示了每种职务的工资总额，并显示了全体员工的工资总计，实现了预期目标要求的不同职务的工资总额比较显示，简单明了。

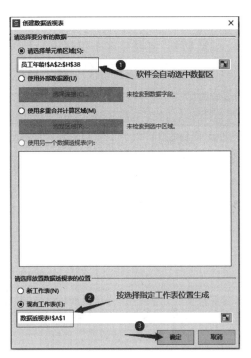

图 3-42　创建数据透视表

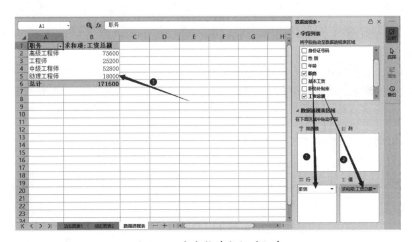

图 3-43　完成构建数据透视表

2. 数据透视表的编辑

数据透视表的编辑既可以对文字、单元格等格式进行修改，也可以对数据透视表的结构进行再编辑。

例如，在上述案例中，实现了每种职务的工资总额显示和对比，但未能显示每种职务的平均工资。通过对数据透视表的编辑可以进一步完成该需求。

（1）添加"值"区域字段。

在"字段列表"选择"工资总额"字段，再次拖曳至"数据透视表区域"的"值"区域，默认显示"求和项：工资总额"。

（2）修改值字段设置。

单击新增加的"求和项：工资总额"选项，在下拉列表中选择"值字段设置"命令，打开"值字段设置"对话框，如图3-44所示，选择"平均值"选项，单击"确定"按钮完成设置。

图3-44 "值字段设置"修改

（3）完成编辑后的数据透视表。

如图3-45所示，完成值字段设置修改后，数据透视表增加了"平均值项：工资总额"列，该列显示了每个职务的平均工资，整个数据透视效果更完善了。

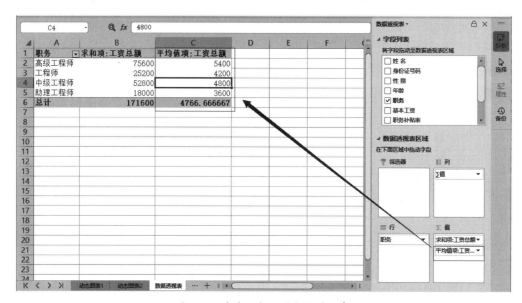

图3-45 完成编辑后的数据透视表

3.1.6 数据透视图

数据透视图能实现数据透视表的可视化，效果更直观。

1. 创建数据透视图

此处，根据之前数据透视表案例的素材，重新创建数据透视图。在 WPS 表格中，新创建一页工作表，工作表标签名为"数据透视图"。

（1）选择数据表。

在员工资料表数据区，单击任一单元格。

（2）打开并设置"创建数据透视图"对话框。

① 在 WPS 表格功能区操作：单击"插入"→"数据透视图"命令，打开"创建数据透视图"对话框，如图 3-46 所示。

② 设置数据透视表的生成位置：选中"现有工作表"单击按钮，在 WPS 表格中选择拟放置数据透视图的工作表"数据透视图"，并单击该工作表的 A1 单元格，表示数据透视图放置在 A1 单元格开始的区域。单击"确定"按钮，完成对话框设置。

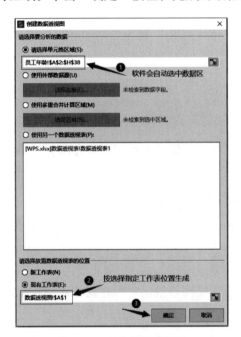

图 3-46　创建数据透视图

（3）构建数据透视图。

与之前的数据透视表创建相似，完成"创建数据透视图"对话框操作后，在指定工作表中并未自动生成透视图表，需要进行进一步的构建操作。

如图 3-47 所示，在数据透视图所属的工作表中，按任务要求，把"字段列表"的"职务"字段拖曳至下方"数据透视表区域"的"行"区域，把"字段列表"的"工资总额"字段拖曳至下方"数据透视表区域"的"值"区域，默认进行求和计算。

这样，在工作表中同时完成了数据透视图和表的构建。在数据透视图中，显示了每种职务的工资总额，并显示了全体员工的工资总计，以"柱形图"的方式，更直观地显示了预期目标要求的各种职务的工资总额显示。数据透视表和数据透视图互相补充，实现更全面的数据透视需求。

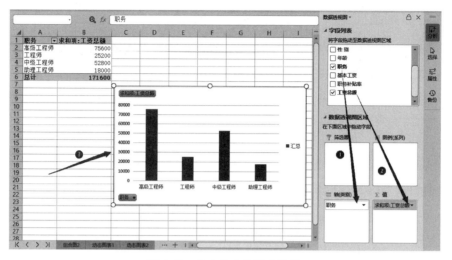

图 3-47　完成构建数据透视图

2. 数据透视图的编辑

数据透视图的编辑与数据透视表的编辑相似，既可以对文字、单元格等格式进行修改，也可以对数据透视图的结构进行再编辑，当然还可以对数据透视图的类型、样式等进行修改，以满足不同的需求。

参考关于数据透视表的编辑，数据透视图也可以增加"平均值项：工资总额"列的呈现效果，读者可自行操作。

这里，对数据透视图进行图表类型的修改编辑。

选择数据透视图，单击"图表工具"→"更改类型"命令，打开"更改图表类型"对话框。在对话框的左侧功能列表中，选择"饼图"选项，其他默认，单击"插入"按钮，完成设置。

如图 3-48 所示，完成图表类型修改后，数据透视图以"饼图"的方式展示了每种职务的工资总额。

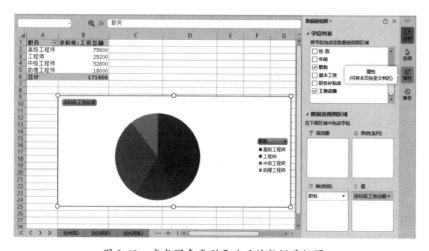

图 3-48　完成图表类型更改后的数据透视图

3.2　美化数据图表

人们常说"一图胜千言"，图表实现了数据的可视化，能够提高信息传递效率。用数据说话、用图表说话，是 WPS 表格在商业应用中的基本要求。

数据图表的主要作用有以下几个。

① 直观地反映数据间的关系，助于理解，把数据对受众产生的影响直观化、最大化；

② 目标明确、精确提炼、动态显示、提高信息沟通效率；

③ 提升职业化水平、塑造品牌形象等。

美化数据图表的前提是合理的设计，使用必要的技术手段，让数据图表能准确地呈现需求。观点明确、逻辑清晰、设计合理的图表，才符合美化设计的基本出发点。例如，在上一节的动态图表应用中，就可以综合公式与函数的应用，通过图表的动态效果展示三位员工在每个月份生产过程中的用电量。这样，往往就能先吸引受众的关注，而后的美化更能起到画龙点睛的作用。

一般情况下，商业图表应以简洁为主，若图表的信息量过大，则容易导致设计者意图表达不清。版面布局应均衡，适当地去除不必要的内容，反而能让图表显得更专业。同时，注意颜色搭配，特别需要注意对比色的效果。图表在不同显示设备下的效果也有区别，如在液晶显示器和投影仪下有不同的显示效果，需要按实际应用进行配色。

通过对数据图表的美化，可以提升职业化水平、塑造品牌形象，这也是商业宣传应用的重要目标。在多数场景下，使用 WPS 表格内置的图表样式，辅以自定义修改，可以起到快速美化图表的效果。

3.2.1　商业图表制作

柱形图、折线图和饼图，被称为最基本的三大图表。在上一节内容中，已经简述相关的功能，并进行了设计应用。在商业图表制作中，首先要确保选择与应用需求匹配的基本图表类型。这三类图表的使用基本规范如下。

（1）柱形图。

① 常用于比较不同对象在不同时间点的值的大小；

② 同一数据序列使用相同颜色；

③ 建议不要使用倾斜标签；

④ 纵坐标轴刻度一般从 0 开始；

⑤ 建议柱子之间的间距适度。

（2）折线图。

① 常用于比较一组对象随时间变化的趋势；

② 折线的线型要相对粗些；

③ 线条一般不超过 5 条；

④ 建议不要使用倾斜标签；

⑤ 纵坐标轴刻度一般从 0 开始。

（3）饼图。

① 常用于比较构成情况部分与总体的比率；

② 数据项不要太多，一般保持在 5 项以内，超出 5 项可以使用复合饼图；

③ 尽量不使用标签线，如果使用切忌凌乱；

④ 推荐边框使用白色边框线，使图表有较好的切割感。

图表的使用规则不是一成不变的，需要根据实际场景灵活选择。在商业图表应用中，基于图表的基本类型，配合设计规则，可以制作出实用的商业图表，如瀑布图、漏斗图、气泡图、旋风图等。这些图表也是基于 3 种基本类型图表，根据实际数据分析和展示的需要而设计实现的。

1. 瀑布图

瀑布图又称为步行图、阶梯图，在企业的经营分析、财务分析中使用较多，可用于表示产品成本的构成、变化情况等。

例如，有一间工作室，它一个月的常规费用由房租、通信费、水电费、办公用品费用等组成，原始数据如图 3-49 所示，现使用瀑布图呈现它的费用组成。

图 3-49　工作室总费用组成

（1）数据处理。

① 新增"占位数"列。

根据原始数据，在"项目"和"金额"两列之间，添加一个空列（B 列）；在 B1 单元格中输入"占位数"字样作为列名，作为制作瀑布图需要补充的要素。

② 计算"占位数"值。

在 B2 单元格中填入 0，在 B3 单元格中编辑公式：

=$C$2 − SUM($C$3:C6)

填充 B3 单元格至 B6 单元格，完成数据计算，如图 3-50 所示。请注意占位数的计算方法。

图 3-50　占位数的计算

（2）插入堆积柱形图。

选择 A1:C6 区域，在 WPS 表格功能区操作：单击"插入"→"全部图表"→"柱形图"→"堆积柱形图"命令，单击"插入"按钮，如图 3-51 所示。

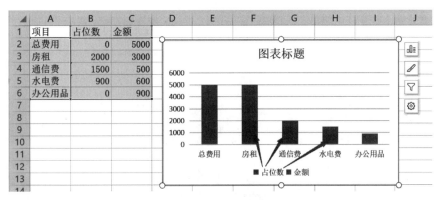

图 3-51　插入图表

（3）编辑图表。

① 单击图表中的"房租""通信费"或"水电费"等任一柱体的下方区域，也就是选中"占位数"的数值，在 WPS 表格功能区操作：单击"绘图工具"→"填充"→"无填充颜色"命令。

② 设置图表元素。

单击图表，单击位于图表右上角的柱形图缩略图表，单击"图表元素"按钮，打开对应的面板，只勾选如下两个选项："坐标轴——主要横坐标轴""数据标签"。之后，会有"金额"和"占位数"的数据标签都显示的情形，再单击"占位数"，在"图表元素"中，去掉"数据标签"选项的勾选。

这样，工作室常规费用组成的瀑布图就完成了，简洁形象，如图 3-52 所示。

2. 漏斗图

漏斗图可以显示流程中多个阶段的值。例如，可以使用漏斗图来显示销售管道中每个阶段的销售潜在客户数。通常情况下，值逐渐减小，从而呈现出漏斗形状。

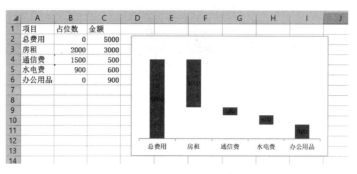

图 3-52　瀑布图

如图 3-53 所示，在某个电商平台，对某件商品在不同阶段的用户量进行了统计，经过数据分析，可以计算出每个阶段的总体转化率。通过图表设计，制作完成漏斗图，形象地展示了从"浏览商品"开始，到最终"完成交易"的转化过程。漏斗图的设计与制作过程在本节的"图表样式的设计与应用"案例中讲解。

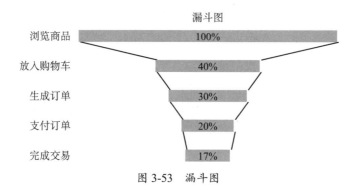

图 3-53　漏斗图

3. 气泡图

气泡图的本质是"XY（散点图）"，它比较至少 3 组值或 3 对数据，"XY"坐标可以反映某个数据的两项值的大小，而第三个数据可以通过气泡的大小来体现。

如图 3-54 所示，该气泡图显示了某个产品各项指标（A~K）的重要性、满意度和改进难易程度。图中的气泡大小反映了改进难易程度，横、纵坐标分别体现了满意度和重要性。这样，管理者可以比较直观地制定和改进产品的生产规范。气泡图的设计与制作过程在本节的"图表样式的设计与应用"案例中讲解。

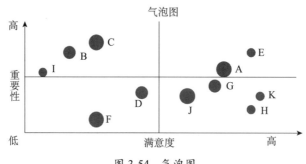

图 3-54　气泡图

4. 旋风图

旋风图便于对比两种不同的数据，更直观地查看对比效果。例如，评价两家不同公司生产的同类产品，由公认的若干项指标组成。旋风图可以把两家公司不同的数据以左右对比的方式列出，对比效果形象生动，如图 3-55 所示。

旋风图的基本图形来源于条形图，其设计与制作过程在本节的"图表样式的设计与应用"案例中讲解。

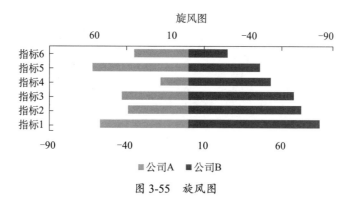

图 3-55　旋风图

除上述商业图表外，WPS 表格还可以基于基本图表及其相关工具，制作出各类用于数据分析和结论呈现的图表，读者可以从案例实践中进行总结和改进。

3.2.2　图表的快速布局与美化

1. 数据表的布局与美化

本小节内容从一份应聘人员登记表开始，如图 3-56 所示，进行数据表的布局与美化操作。

1）表格格式设置

规范、合理的表格格式设置，是数据表格和图表美化的开始。

（1）添加序号。

在表格中输入数据后，通常会在首列添加序号，让表格内容更方便查看。

我们在 A 列左侧添加一列，添加后在 A2 单元格中输入"序号"，并使用数字填充，完成 1~21 行数据的序号输入。

（2）使用公式和函数进行数据计算。

① 计算总分：笔试占 40%，面试占 60%。

在 L3 单元格中输入公式为：

=J3*40%+K3*60%

双击 L3 单元格填充柄，自动填充 L 列，完成总分计算。

▲	A	B	C	D	E	F	G	H	I	J	K	L
1	应聘人员登记表											
2	姓名	性别	出生日期	学历	应聘岗位	身份证号码	联系电话	期望薪资	笔试分	面试分	总分	排名
3	黄振华	男	1995/1/20	大学本科	销售员	230185199501204089	13512341234	￥7,000	87	90		
4	尹洪群	男	1988/12/16	大专	销售员	371428198812160000	13512341235	￥6,000	89	88		
5	扬勇	男	1991/4/3	硕士研究生	行政岗位	230403199104037000	13512341236	￥10,000	84	79		
6	沈宁	女	1985/3/31	博士研究生	行政岗位	13022419850331136X	13512341237	￥12,000	94	90		
7	赵文	女	1993/11/30	大学本科	销售员	330902199311301282	13512341238	￥10,000	93	91		
8	胡方	男	1990/6/10	硕士研究生	业务员	361124199006104923	13512341239	￥10,000	91	79		
9	郭新	女	1995/2/27	硕士研究生	销售员	350430199502278160	13512341240	￥10,000	79	83		
10	周晓明	女	1990/3/27	大学本科	销售员	371102199003277528	13512341241	￥8,000	87	89		
11	张淑纺	女	1993/5/23	大学本科	销售员	150523199305232044	13512341242	￥8,000	90	93		
12	李忠旗	男	1997/7/24	大学本科	行政岗位	320982199707246742	13512341243	￥8,000	84	90		
13	焦戈	女	1996/1/15	硕士研究生	销售员	320508199601150581	13512341244	￥10,000	90	92		
14	张进明	男	1997/5/11	硕士研究生	业务员	350430199705110000	13512341245	￥10,000	93	79		
15	傅华	女	1992/5/6	博士研究生	行政岗位	350230199205061234	13512341246	￥20,000	90	90		
16	杨阳	男	1990/9/7	大学本科	销售员	350230199009071222	13512341247	￥10,000	85	81		
17	任萍	女	1992/11/6	大学本科	销售员	350230199211062026	13512341248	￥10,000	76	88		
18	郭永红	女	1993/9/11	硕士研究生	业务员	350230199309111351	13512341249	￥10,000	77	82		
19	李龙吟	女	1992/12/23	硕士研究生	销售员	350230199212231234	13512341250	￥10,000	94	83		
20	张玉丹	女	1995/5/27	博士研究生	销售员	120431199505272160	13512341251	￥10,000	95	93		
21	周金馨	女	1989-09-31	大学本科	业务员	13022419890931136X	13512341252	￥10,000	89	77		
22	周新联	男	1991/10/6	大专	业务员	134230199110061234	13512341253	￥7,000	80	92		
23	张玟	女	1992/5/15	硕士研究生	销售员	310230199205152234	13512341254	￥10,000	86	75		
24												

图 3-56　应聘人员登记表

② 计算排名。

在 M3 单元格中输入公式为：

=RANK.EQ(L3,$L$3:$L$23)

双击 M3 单元格填充柄，自动填充 M 列，完成排名计算。

③ 改进出生日期（以身份证为准）。

在 D3 单元格输入公式为：

=TEXT(MID(G3,7,8),"0000-00-00")

双击 D3 单元格填充柄，自动填充 D 列，完成出生日期计算。

此外，还可以使用身份证进行性别的自动识别等应用，让整个表格的数据准确性更好、自动化程度更高，以便于数据统计和分析。

（3）设置表格标题。

① 当前，表格标题为"应聘人员登记表"，可以对其进行规范处理；对于没有标题的情形，一般可以在第 1 行上部插入一行，再输入标题。

② 按当前表格的列数，选择 A1:M1，进行合并单元格并居中。

③ 设置标题的字体、字型以及单元格格式等内容，便于标题的突出显示。

表格标题单元格一般不用添加边框等。

（4）表格内容设置。

① 列标题。

列标题文字一般比表格标题小，可以设置单元格底纹颜色，突出文字与背景色对比；此外，行高可以比普通数据的行高大一些。

② 对齐。

一般地，每列的标题文字以居中为主，每列的数据内容较少（如序号）、内容长度相同（如身份证号码）的以居中为主，其他的可以按需要左对齐，或者按惯例（如数值默认为右对齐）对齐方式进行处理。

③ 条件格式应用。

对于某些需要突出显示的数据，可以使用条件格式。例如，需要突出"学历"为"博士研究生"，则可以对该列数据设置条件格式：突出显示单元格规则 → 等于 → 博士研究生，设置为浅红填充色深红色文本。

④ 合适的行高和列宽（数据行的列宽尽量统一）。

⑤ 其他设置。

（5）表格的边框和底纹。

一般情况下，选择表格全部内容（不包含表格标题），进行单元格格式（边框）设置：

① 选择线条样式为粗线，单击"外边框"按钮；

② 选择线条样式为细线，单击"内部"按钮。

完成后的效果如图 3-57 所示，内容紧凑、数据准确，格式符合工作场景需求。

序号	姓名	性别	出生日期	学历	应聘岗位	身份证号码	联系电话	期望薪资	笔试分	面试分	总分	排名
1	黄振华	男	1995-01-20	大学本科	销售员	230185199501204089	13512341234	￥7,000	87	90	88.8	7
2	尹洪群	男	1988-12-16	大专	销售员	371428198812160000	13512341235	￥6,000	89	88	88.4	8
3	扬灵	男	1991-04-03	硕士研究生	行政岗位	230403199104037000	13512341236	￥10,000	84	79	81	19
4	沈宁	女	1985-03-31	博士研究生	行政岗位	13022419850331136X	13512341237	￥12,000	94	90	91.6	4
5	赵文	女	1993-11-30	大学本科	销售员	330902199311301282	13512341238	￥10,000	93	91	91.8	2
6	胡方	男	1990-06-10	硕士研究生	业务员	361124199006104923	13512341239	￥10,000	91	79	83.8	14
7	郭新	女	1995-02-27	硕士研究生	业务员	350430199502278160	13512341240	￥10,000	79	83	81.4	18
8	周晓明	男	1990-03-27	大学本科	销售员	371102199003277228	13512341241	￥8,000	87	89	88.2	9
9	张淑纺	女	1993-05-23	大学本科	销售员	150523199305232044	13512341242	￥8,000	90	93	91.8	2
10	李忠旗	男	1997-07-24	大学本科	行政岗位	320982199707246742	13512341243	￥8,000	84	90	87.6	10
11	焦戈	女	1996-01-15	硕士研究生	销售员	320508199601150581	13512341244	￥10,000	90	92	91.2	5
12	张进明	男	1997-05-11	硕士研究生	业务员	350430199705110000	13512341245	￥10,000	93	79	84.6	13
13	傅华	女	1992-05-06	博士研究生	行政岗位	350230199205061234	13512341246	￥20,000	90	90	90	6
14	杨阳	男	1990-09-07	大学本科	销售员	350230199009071222	13512341247	￥10,000	85	81	82.6	16
15	任萍	女	1992-11-06	大学本科	销售员	350230199211062026	13512341248	￥10,000	76	88	83.2	15
16	郭永红	女	1993-09-11	硕士研究生	业务员	350230199309111351	13512341249	￥10,000	77	82	80	20
17	李龙吟	男	1992-12-23	硕士研究生	销售员	350230199212231234	13512341250	￥10,000	94	83	87.4	11
18	张玉丹	女	1995-05-27	博士研究生	行政岗位	120430199505272160	13512341251	￥10,000	95	93	93.8	1
19	周金馨	女	1999-09-31	大学本科	业务员	13022419890931136X	13512341252	￥10,000	89	77	81.8	17
20	周新联	男	1991-10-06	大专	业务员	134230199110061234	13512341253	￥7,000	80	92	87.2	12
21	张玫	女	1992-05-15	硕士研究生	销售员	310230199205152234	13512341254	￥10,000	86	75	79.4	21

图 3-57　应聘人员登记表（处理后）

2）表格样式

WPS 表格自带了大量的表格样式，可以轻松地改变表格布局与显示效果。

通常地，用户可以在进行上文的表格数据处理后，再套用表格样式，工作效率更高，具体操作如下。

（1）选择表格内容。

一般地，不选择表格标题，选择表格内容的 A2:M23（包含列标题）。

（2）套用表格样式。

在 WPS 表格功能区操作：单击"开始"→"表格样式"命令，在其下拉列表中选择合适的表格样式，如选择"表样式浅色 1"选项，打开"套用表格样式"对话框，如图 3-58 所示。

图 3-58　"套用表格样式"对话框

按需要选择设置。当前的选择区域已经是一个完整的表格，故不需要"转换成表格"操作；列标题行为 1 列，故选中"仅套用表格样式"单选按钮，选择"标题行的行数"为 1，单击"确定"按钮即可。

（3）套用表格样式后的效果。

完成上述操作后，表格效果如图 3-59 所示。套用表格样式后，表格的边框、内容的颜色、单元格的底纹等发生了明显的改变，而条件格式等用户自定义格式进行了保留。此外，还可以在套用表格样式后，再局部对表格的布局进行修改。

3）自定义表格样式

在 WPS 表格软件中，除了使用系统自带的表格样式，还可以按需要自定义表格样式，具体操作如下。

（1）打开"新建表样式"对话框。

在 WPS 表格功能区操作：单击"开始"→"表格样式"→"新建表格样式"命令，打开"新建表样式"对话框。

图 3-59　应聘人员登记表（套用表格样式后）

（2）自定义表格样式。

如图 3-60 所示，在"新建表样式"对话框中进行设置，每一个表元素设置完成后，都可以在对话框右上角的"预览"中查看。

① 自定义表样式名。

定义名称为"自定义表样式 1"。注意，按软件默认的格式，数字的左侧有一个空格，建议保留此规则。

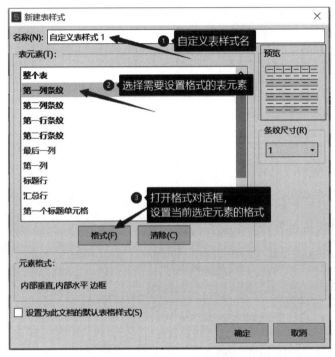

图 3-60　"新建表样式"对话框

② 选择需要自定义格式的表元素。

整个表格的各部分元素，均可独立设置格式。常用的选项有："整个表"可以用于整个表格的外边框和内边框等设置；"第一列条纹"表示表格区域的第一列，它与"第二列条纹"交替显示；"第一行条纹"表示表格数据区域的第一行（不含标题），它与"第二行条纹"交替显示，如设置第一行背景色为浅灰，第二行背景色默认为白色；"标题行"格式则专门突出显示标题文字效果等。

每个表元素完成"格式"设置后，在对话框右上角可以进行预览。完成设置后，单击"确定"按钮关闭对话框，自定义表格样式生效。

（3）套用自定义表格样式。

套用自定义表格样式与套用 WPS 表格软件自带的表格样式操作相同，之前的应聘人员登记表套用"自定义表样式 1"之后，效果如图 3-61 所示。

序号	姓名	性别	出生日期	学历	应聘岗位	身份证号码	联系电话	期望薪资	笔试分	面试分	总分	排名
					应聘人员登记表							
1	黄振华	男	1995-01-20	大学本科	销售员	230185199501204089	13512341234	￥7,000	87	90	88.8	7
2	尹洪群	男	1988-12-16	大专	销售员	371428198812160000	13512341235	￥6,000	89	88	88.4	8
3	扬灵	男	1991-04-03	硕士研究生	行政岗位	230403199104037000	13512341236	￥10,000	84	79	81	19
4	沈宁	女	1985-03-31	博士研究生	行政岗位	13022419850331136X	13512341237	￥12,000	94	90	91.6	4
5	赵文	女	1993-11-30	大学本科	销售员	330902199311301282	13512341238	￥10,000	93	91	91.8	2
6	胡方	男	1990-06-16	硕士研究生	业务员	361124199006104923	13512341239	￥10,000	91	79	83.8	14
7	郭新	女	1995-02-27	硕士研究生	业务员	350430199502278160	13512341240	￥10,000	79	83	81.4	18
8	周晓明	男	1990-03-27	大学本科	销售员	371102199003277528	13512341241	￥8,000	87	89	88.2	9
9	张淑纺	女	1993-05-23	大学本科	销售员	150523199305223044	13512341242	￥8,000	90	93	91.8	2
10	李忠旗	男	1997-07-24	大学本科	行政岗位	320982199707246742	13512341243	￥8,000	84	90	87.6	10
11	焦戈	女	1996-01-15	硕士研究生	销售员	320508199601150581	13512341244	￥10,000	90	92	91.2	5
12	张进明	男	1997-05-11	硕士研究生	销售员	350430199705110000	13512341245	￥10,000	93	79	84.6	13
13	傅华	女	1992-05-06	博士研究生	行政岗位	350230199205061234	13512341246	￥20,000	90	90	90	6
14	杨阳	男	1990-09-07	大学本科	销售员	350230199009071222	13512341247	￥10,000	85	81	82.6	16
15	任萍	女	1992-11-06	硕士研究生	销售员	350230199211062026	13512341248	￥10,000	76	88	83.2	15
16	郭永红	女	1993-09-11	硕士研究生	业务员	350230199309111351	13512341249	￥10,000	77	82	80	20
17	李龙吟	男	1992-12-23	硕士研究生	销售员	350230199212231234	13512341250	￥10,000	94	83	87.4	11
18	张玉丹	女	1995-05-27	博士研究生	行政岗位	120430199505272160	13512341251	￥10,000	95	93	93.8	1
19	周金馨	女	1989-09-31	大学本科	销售员	130224198909931136	13512341252	￥10,000	89	77	81.8	17
20	周新联	男	1991-10-06	大专	业务员	134230199110061234	13512341253	￥7,000	80	92	87.2	12
21	张玫	女	1992-05-15	硕士研究生	销售员	310230199205152234	13512341254	￥10,000	86	75	79.4	21

图 3-61　应聘人员登记表（套用自定义表样式）

（4）修改表样式。

WPS 表格自带的表样式是不能直接进行修改的，但自定义表样式可以自行修改，也可以删除，如图 3-62 所示。另外，还可以右击 WPS 表格自带的表样式，在快捷菜单中选择"复制"命令，修改后也可以为自定义样式提供使用。

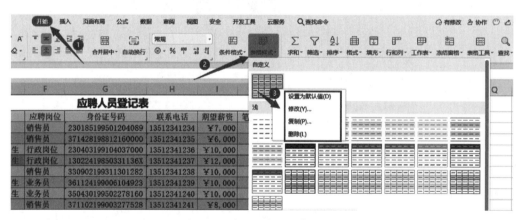

图 3-62　修改"自定义表样式"

2. 图表的布局与美化

在 WPS 表格图表的布局与美化过程中，设计的理念必须通过每一个图表元素的修改而实现。

快速布局实现了图表版面主要元素的经典布局格式，类似于布局模板的切换。图表样式则是某一类图表的不同风格选择。配色方案根据不同的图表元素设置不同的颜色，便于快速修改颜色搭配。

（1）图表元素。

图表元素包括坐标轴、轴标题、图表标题、数据标签、数据表、网格线、图例、趋势线等。图表元素的编辑从单击选中指定的图表开始，之后可以在 WPS 表格功能区的"图表工具"→"图表区"，选择图表元素进行修改。更直观的方式则是在图表上，单击需要编辑的图表元素，右击展开快捷菜单，选择相应的设置功能即可。

如图 3-63 所示，右击图表上的坐标轴，选择"设置坐标轴格式"命令；WPS 表格软件右侧即展开"属性"窗格，用户通过"属性"窗格即可进行相应的编辑。图表元素的设置功能繁杂，需要通过实践操作熟练掌握。

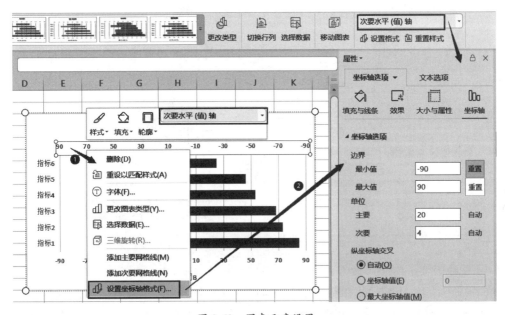

图 3-63　图表元素设置

（2）快速布局。

单击选择指定的图表，单击"图表工具"→"快速布局"命令，如图 3-64 所示。在"快速布局"的下拉列表中，展示当前图表的系统内置布局。不同布局反映了图表元素在当前图表中的位置等整体布局效果，也包括某些图表元素是否会出现在当前图表中。

图 3-64　快速布局

（3）图表样式。

图表样式实现了图表的综合布局、色调、风格等效果。如图 3-65 所示，选择当前图表后，单击"图表工具"→"图表样式"命令。从图表样式库缩略图中，最明显可以看到的是图 3-65 所示"样式 6"的暗黑配色效果。

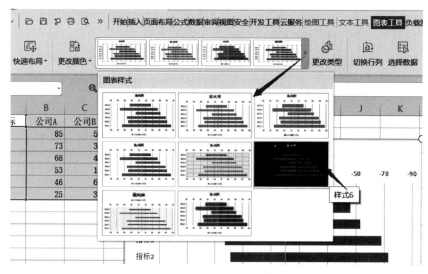

图 3-65　图表样式

（4）配色方案。

单击 WPS表格功能区的"图表工具"→"更改颜色"命令，展开"更改颜色"的下拉列表，选择不同的配色方案。配色方案主要有两类：一类是"彩色"，它可以选择为不同的图表元素搭配一个独立的颜色进行区分；另一类是"单色"，它选择同一种颜色、不同的深浅作为不同图表元素的颜色。

3.2.3　图表样式的设计与应用

根据本节前文所述，图表的样式由图表元素的设置、布局、色调等编辑组合，基本的图表类型（如柱形图、条形图等）通过图表元素的重新设计，就能形成特色鲜明、功能突出的图表，如漏斗图、气泡图、旋风图等。下面，分别就上述图表的设计与应用过程进行描述。

1. 漏斗图的设计与应用

1）素材

如图 3-66 所示，某个电商平台，对某件商品在不同阶段的用户量进行了统计。要求：

（1）使用公式，进行转化率的计算；

（2）通过图表设计，制作完成漏斗图，呈现用户对商品购买的整个转化过程。

	A	B	C	D	E	F
1	环节	人数	每环节转化率	总体转化率	占位转化率	
2	浏览商品	1000				
3	放入购物车	400				
4	生成订单	300				
5	支付订单	200				
6	完成交易	170				
7						

图 3-66　商品交易过程数据统计

2）设计过程

（1）转化率的计算。

① 每环节转化率。

以 C2 单元格为开始，记作 100%，C3 单元格公式为：

=B3/B2

之后，填充整列。该公式表示，当前环节的人数与前一个环节对比，占到多少比例，也就是每环节转化率。

② 总体转化率。

以 D2 单元格为开始，公式为：

=B2/$B$2

之后，填充整列。该公式表示，当前环节的人数与初始的"浏览商品"人数对比，占到多少比例，也就是总体转化率。

③ 占位转化率。

以 E2 单元格为开始，公式为：

=($D$2-D2)/2

之后，填充整列。该公式表示，指定"浏览商品"环节的总体转化率（$D$2），在每个环节中都由它减去当前某个环节的总体转化率后，再除以 2，其值称为占位转化率。

占位转化率并不是这个电商过程的正常环节，而是为配合制作漏斗图而设计的占位符。该值恰好就是漏斗图每个环节的左右空白的空间大小。

（2）插入条形图。

① 选择数据区。

选择数据表的"环节""总体转化率"和"占位转化率"3 列，可以配合使用按〈Ctrl〉键进行 3 列选择。"人数"和"每环节转化率"不需要在图表中呈现，故不作选择。

② 插入图表。

单击 WPS 表格功能区的"插入"→"全部图表"→"条形图"→"堆积条形图"命令，单击"插入"按钮，如图 3-67 所示。

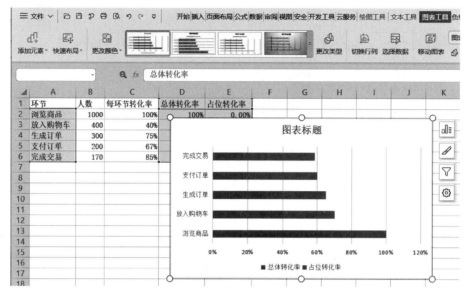

图 3-67　插入堆积条形图

（3）垂直（类别）轴坐标逆序。

选择图表的垂直坐标，即"环节"列，在 WPS 右侧的"属性"窗格中，单击"坐标轴"选项进行设置。基于漏斗图的特征，最终的环节"完成交易"是在底部，故需要对垂直坐标进行"逆序"操作。如图 3-68 所示，在垂直轴坐标设置的任务窗格中，勾选"逆序类别"复选框。

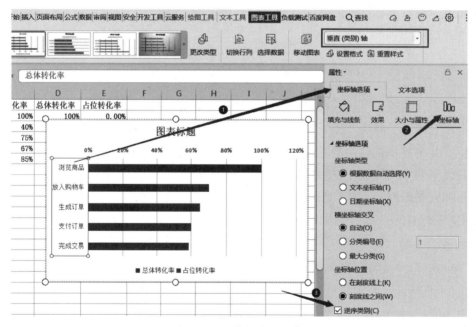

图 3-68　垂直轴坐标逆序

（4）占位转化率的处理。

占位转化率是为了设计漏斗图的需要而添加的（形成漏斗形的条形图），故需要对其进行隐藏处理。

按图表中"占位转化率"的图例,在图表区域单击"占位转化率"的条形图,此时自动激活右侧任务窗格的属性设置,如图 3-69 所示。在"填充与线条"选项中,选中"无填充"单选按钮即可。

之后,在图表中单击选择"占位转化率"图例,右击选择"删除"命令即可。注意:仅删除"占位转化率",保留"总体转化率"。

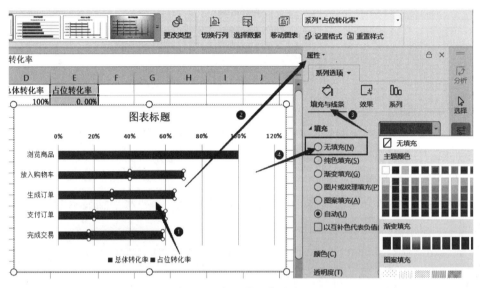

图 3-69　占位转化率的处理

(5)编辑数据源顺序。

单击 WPS 表格功能区的"图表工具"→"选择数据"命令,打开"编辑数据源"对话框,如图 3-70 所示。

勾选"占位转化率"复选框,单击"向上"按钮,使在"系列"内容区域中,按"占位转化率""总体转化率"的上下次序,单击"确定"按钮。

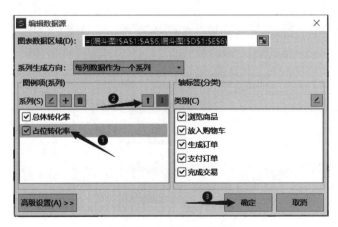

图 3-70　编辑数据源顺序

完成编辑数据源后，图表效果如图 3-71 所示。

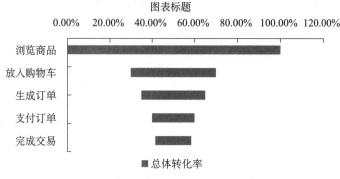

图 3-71　完成编辑数据源后的图表

（6）添加系列线。

漏斗图需要对各条形块的外围进行包络，呈现漏斗的轮廓。选择图表，单击 WPS 表格功能区的"图表工具"→"添加元素"→"线条"→"系列线"命令，完成添加。

（7）图表的完善和美化

当前的图表总体效果已经实现，但部分内容需要调整，如水平轴显示的意义不大，具体操作如下。

① 删除水平轴：在图表中，选择由百分值组成的水平轴，删除。

② 修改图表标题：商品交易转化漏斗图。

③ 添加数据标签：为了明确显示各环节的总体转化率，在图表的条形图上添加数据标签。

单击图表的条形图，右击展开快捷菜单，选择"添加数据标签"命令，此时条形图上即会显示其对应的数据标签值，也就是该环节的"总体转化率"值。

若要对数字标签的文字颜色进行调整，则可以单击数据标签值，单击 WPS 表格功能区的"文本工具"→"文本填充"命令，选择所需的文本颜色。

④ 删除图表网格线：若认为当前的网格线意义不大，则可以单击选择，进行删除。

3）实现

至此，"商品交易转化漏斗图"完成，如图 3-72 所示。修整后的图表更为简洁、直观。

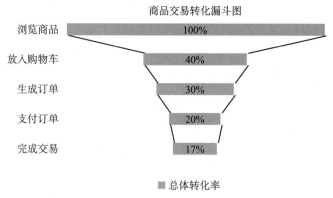

图 3-72　商品交易转化漏斗图

2. 气泡图的设计与应用

1）素材

如图 3-73 所示，某个产品各项指标数据，经统计和分析，指标由 A~K 等 11 个组成，并对各指标作为体现产品特征的满意度、重要性和改进难易程度进行了赋值处理，以大值为重要。要求：

（1）根据素材数据，设计完成气泡图；

（2）气泡图呈现满意度、重要性和改进难易程度等 3 个特征的对比，其中，满意度为水平坐标，重要性为垂直坐标，改进难易程度以气泡的大小呈现。

	A	B	C	D	E
1	指标	满意度	重要性	改进难易程度	
2	A	3.2	3.1	3	
3	B	1.5	3.6	2	
4	C	1.8	3.9	3	
5	D	2.3	2.4	2	
6	E	3.5	3.6	1	
7	F	1.8	1.6	3	
8	G	3.1	2.6	2	
9	H	3.5	1.9	1	
10	I	1.2	3	1	
11	J	2.8	2.3	3	
12	K	3.6	2.3	1	
13	平均值	2.6	2.8	2.1	
14					

图 3-73　某个产品各项指标数据

2）设计过程

气泡图的本质是"X Y（散点图）"，按设计要求，水平、垂直坐标分别体现了满意度和重要性，改进难易程度为气泡大小。这样，管理者可以比较直观地制定和改进产品的生产规范。

（1）数据分析。

根据气泡图的特性，"平均值"不属于产品指标，不需要选入数据系列，"指标"列也不需要选入。

（2）插入"气泡图"。

① 选择数据区 B1:D12。

② 插入图表。

单击 WPS 表格功能区的"插入"→"全部图表"→"X Y（散点图）"→"气泡图"命令，单击"插入"按钮。如图 3-74 所示，默认气泡图的每个气泡对象堆积较近，呈现的比较性不强，需要加工改进。

（3）修改气泡大小。

单击选择图表的气泡，右击展开快捷菜单，选择"设置数据系列格式"命令，在 WPS 表格右侧的"属性"窗格，修改气泡属性。如图 3-75 所示，在"系列"选项中，选中"气泡面积"单选按钮，"将气泡大小缩放为"文本框设置为 40。

设计大小时，主要考虑相邻的气泡不要互相重叠，最小的气泡也要能较明显地显示。

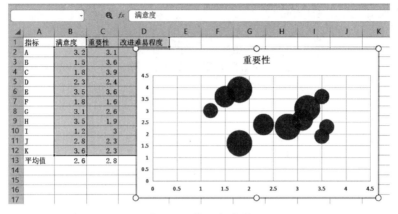

图 3-74　插入气泡图

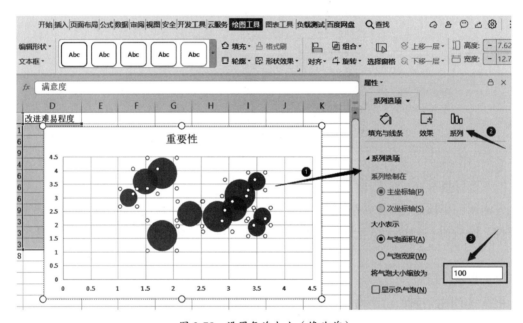

图 3-75　设置气泡大小（修改前）

（4）调整坐标。

在当前的气泡图中，气泡位置比较集中，图表的两侧和底部有较大空白，不利于气泡的比较，故需要通过调整坐标的方式来突出数据特征。

① 水平坐标调整。

单击选择水平坐标，如图 3-76 所示，在"属性"窗格中选择"坐标轴"选项，进行坐标轴"边界"的最小值和最大值设置。

从数据表和草图发现，气泡所处的水平坐标最小约大于 1，最大约小于 4。因此，此处修改"边界"最小值为 1，最大值为 4。

② 垂直坐标调整。

单击选择垂直坐标，如图 3-77 所示，在"属性"窗格中选择"坐标轴"选项，进行坐标轴"边界"的最小值和最大值设置。

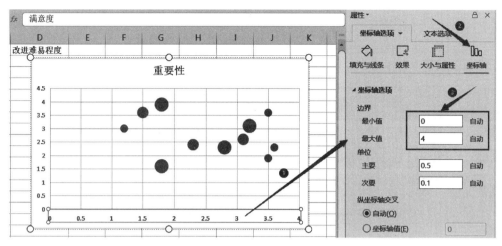

图 3-76　编辑水平坐标边界（修改前）

从数据表和草图中可以发现，气泡所处的垂直坐标最小约大于 1，最大约小于 4.5。因此，此处修改"边界"最小值为 1，最大值为 4.5。

（5）分割坐标区域。

为了更清晰地显示每个气泡分布的相对位置，以便于分析其重要性等指标，可以将图表区中部的绘图区进行四等分。绘图区位于图表区的中部，是呈现图表内容的区域。

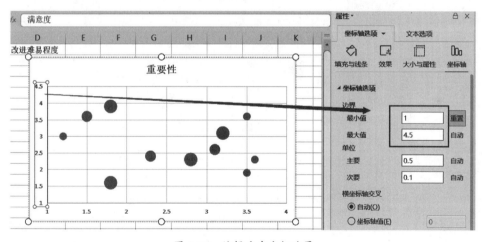

图 3-77　编辑垂直坐标边界

① 选择绘图区。

单击图表中部的空白区域，自动选中绘图区。此时，绘图区的 4 条边线及顶点会出现 8 个控点，如图 3-78 所示。

② 绘制垂直分割线。

单击 WPS 表格功能区的"绘图工具"→"形状"→"直线"命令，连接绘图区的 1、3 控点。在绘制垂直分割线时，按住键盘〈Shift〉键，鼠标拖曳的直线即使有所倾斜也会被磁吸自动垂直连接。完成连接线后，还可以在右侧"属性"窗格设置线条颜色，如"灰色 -25%，背景 2，深色 50%"。

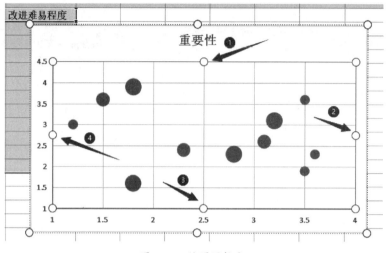

图 3-78　绘图区控点

③ 绘制水平分割线。

单击 WPS 表格功能区的"绘图工具"→"形状"→"直线"命令，连接绘图区的 4、2 控点。同样，在绘制水平分割线时，按住键盘〈Shift〉键，鼠标拖曳的直线即会自动磁吸并水平连接。并设置线条颜色，如图 3-79 所示。

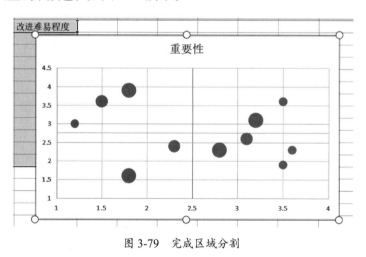

图 3-79　完成区域分割

完成区域分割后，根据气泡的位置，对于气泡的重要性等指标的比较分析更为直观了，但还需要进一步改进。

（6）添加气泡标识。

单击图表绘图区的气泡，全部选中，单击 WPS 表格功能区的"图表工具"→"添加元素"→"数据标签"命令，在右侧的"属性"窗格中选择"标签"选项进行设置，如图 3-80 所示。

当前气泡的标签值显示的是"重要性"数据，需要修改为"指标"。在"属性"窗格中操作如下。

① 在"标签选项"中，去掉"Y 值"的勾选。

② 在"标签选项"中，勾选"单元格中的值"复选框，在弹出的"数据标签区域"对话框中，选择工作表的 A2:A12，作为气泡显示的数据标签。

③ 单击"数据标签区域"对话框的"确定"按钮，完成数据标签修改设置。

④ 在"标签选项"任务窗格中，再设置"标签位置"，从默认的"居中"改为"靠右"，这样，"指标"标识出现在气泡右侧，便于识别。

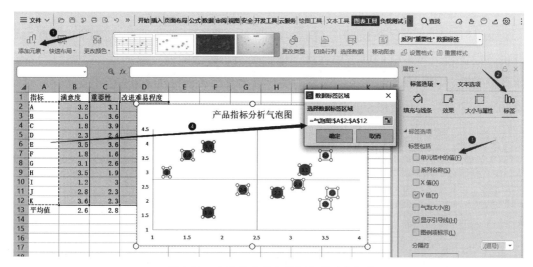

图 3-80　在气泡上添加数据标签（指标）

（7）图表的完善和美化。

① 修改图表标题：产品指标分析气泡图。

② 删除图表网格线：当前的网格线干扰气泡对比分析，可以单击选择网格线，进行删除。

③ 垂直坐标标签修改：当前的垂直坐标标签是数字，虽然精确度高，但不利于直观判断，故进行修改。

隐藏坐标标签：单击图表的垂直坐标，在右侧的"坐标轴选项"任务窗格中，选择"坐标轴"→"标签"命令，在"标签位置"的下拉列表中选择"无"（默认为"轴旁"）。

添加坐标说明文字：选择图表，单击 WPS 表格功能区的"文本工具"→"文本框"命令，在垂直坐标的右侧添加文本框及文字，如图 3-81 所示。注意使用"竖向文本框"输入"重要性"，其他细节自行调节。

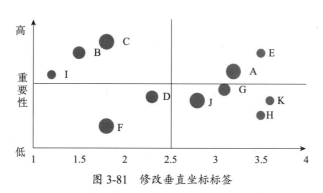

图 3-81　修改垂直坐标标签

④ 修改垂直坐标轴"线条"效果：单击选择垂直坐标轴，在右侧任务窗格中，选择"填充与线条"→"线条"命令，在"线条"的"末端箭头"设置中，选择一个合适的箭头符号。

⑤ 水平坐标轴设置：水平坐标轴的设置方法与垂直坐标轴相同，它是描述气泡的"满意度"参数。

3）实现

至此，"产品指标分析气泡图"完成，如图 3-82 所示。修整后的气泡图可以通过不同指标的不同位置，体现它们的重要程度，也就是说，处于图表上部的指标是体现产品质量更重要的指标，在图表右侧的指标关系到用户的满意度，而气泡大小就是改进的难易程度，需要制定综合方案，根据相关的指标对产品进行改进。

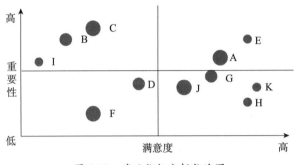

图 3-82　产品指标分析气泡图

3. 旋风图的设计与应用

1）素材

如图 3-83所示，现有某家测评机构，对 A、B 两家公司生产的同一款商品进行性能比较。机构对商品制定了 6 项指标，并获取了相应的评分。要求：设计完成旋风图，实现不同公司生产的同款商品的性能比较。

	A	B	C	D
1	指标	公司A	公司B	
2	指标1	85	57	
3	指标2	73	39	
4	指标3	68	43	
5	指标4	53	18	
6	指标5	46	62	
7	指标6	25	35	
8				

图 3-83　商品性能指标数据

2）设计过程

旋风图是由"簇状条形图"设计演化而成，在水平方向，对两个对象的同一个属性值使用条形图进行对照，多个属性在垂直方向排列。属性值以图表的垂直中心线为界，可以很直观地对比两个对象的不同属性值大小，作为两个对象优劣的对比评价。

（1）数据分析。

根据旋风图的特征，选择整个数据表区域进行图表设计与制作。

（2）插入"旋风图"。

① 选择数据区 A1:C7。

② 插入图表。

单击 WPS 表格功能区的"插入"→"全部图表"→"条形图"→"簇状条形图"命令，单击"插入"按钮，如图 3-84 所示。默认条形图，两个对象的同一指标的两个数据并列对比，呈现的对比性不强，现在按旋风图的特征进行制作。

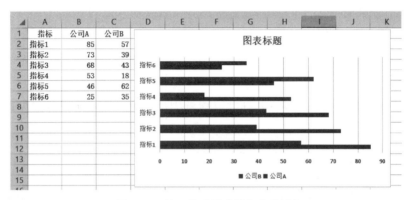

图 3-84　插入旋风图（簇状条形图）

（3）修改条形图属性

① 设置 B 公司条形图属性。

在图表的绘图区单击 B 公司条形图，右击展开快捷菜单，选择"设置数据系列格式"命令，在 WPS 表格右侧的"属性"窗格，修改条形图属性。如图 3-85 所示，在"系列"选项，选中"次坐标轴"单选按钮，让 B 公司数据在右侧呈现；设置"分类间距"为 70%，让条形图适当增加宽度（在图中为垂直方向增宽），显示效果更明显。

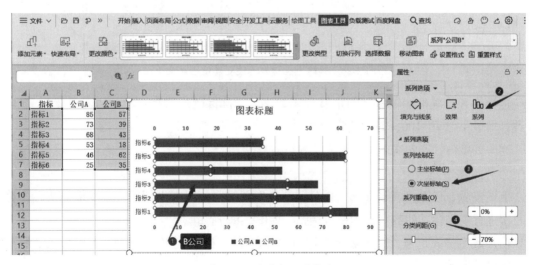

图 3-85　设置条形图属性

② 设置 A 公司条形图属性。

单击 A 公司条形图，对应属性设置为：主坐标轴，70%。

（4）调整坐标。

在当前的条形图中，A、B 公司在各个指标上的大小对照不够直观，特别是 A 公司的指标值不便于阅读，因此，需要通过调整坐标的方式来突出数据特征。

① 主坐标调整。

单击选择图表底部的主坐标轴，在任务窗格中选择"坐标轴"选项，如图 3-86 所示，进行坐标轴选项设置。

边界设置：主坐标轴显示的是 A 公司数据，可查其最大值为 85，考虑到左右对称，设置最小值为 –100，最大值为 100。

逆序刻度值：勾选。

② 次坐标调整。

单击选择图表上部的次坐标轴，在任务窗格中选择"坐标轴"选项，如图 3-87 所示，进行坐标轴选项设置。

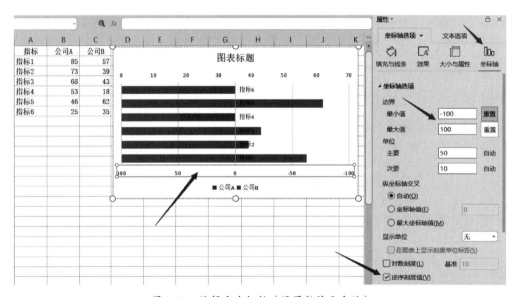

图 3-86　编辑主坐标轴（设置数值已生效）

边界设置：次坐标轴显示的是 B 公司数据，为确保图形对称可比，边界设置与主坐标一致，即最小值为 –100，最大值为 100。

逆序刻度值：不勾选。

③ 再调整主坐标。

上述步骤，已基本实现了 A、B 公司的条形图对照，但主坐标的负刻度值与实际不符，故再次进行主坐标轴的数字显示格式调整，如图 3-88 所示。

使用数字格式符号，选择数字类别为"自定义"，格式代码为"0_);0_)"，单击"添加"按钮完成并生效。

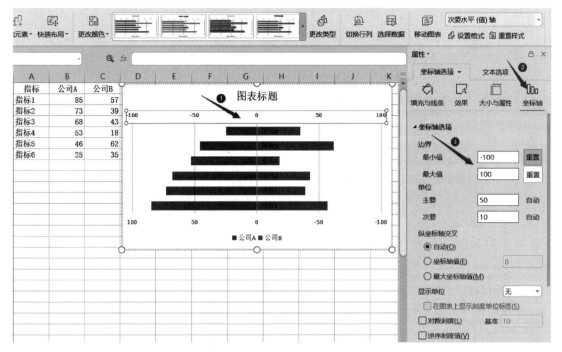

图 3-87　编辑次坐标轴（设置数值已生效）

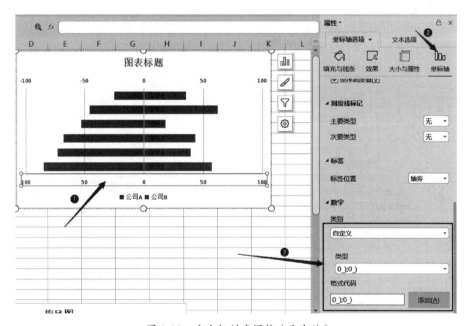

图 3-88　主坐标刻度调整（已生效）

④ 隐藏次坐标。

在图表效果中，次坐标已没有存在的必要，但不能直接删除，应选择隐藏的方式，如图 3-89 所示。

选择次坐标，在其"属性"窗格中选择"文本选项"→"填充与轮廓"命令，在"文本填充"设置中，从默认的"纯色填充"修改为"无填充"。这样，实现了隐藏次坐标的效果。

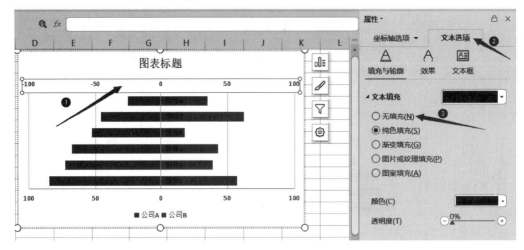

图 3-89　隐藏次坐标（图中未生效）

（5）垂直坐标调整。

在旋风图中，垂直坐标显示的是对象的属性值。经过上述操作，垂直坐标位于图表中心线，其标签也显示在图表中间，影响美观，故应调整至习惯的左侧。此外，当属性值在标签中显示未按正常的升序排列时，应使用"逆序类别"的方法进行修改。

① 选择垂直坐标、准备修改设置。

单击图表中部的垂直坐标的标签，激活其"属性"窗格，选择"坐标轴"选项进行设置，如图 3-90 所示。

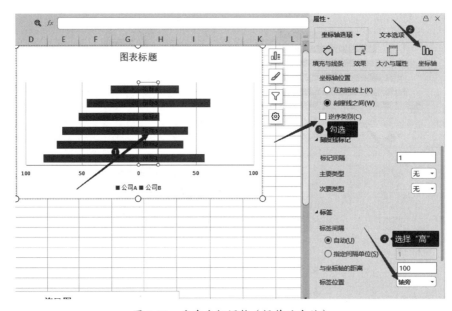

图 3-90　垂直坐标调整（操作后生效）

② 设置垂直坐标轴为"逆序类别"。

按图示的位置勾选"逆序类别"复选框。

③ 标签位置设置。

按图示的位置，打开"标签位置"下拉列表，选择"高"选项。此时表示垂直坐标的文字标签在数据高的一侧，而在本例中，左侧为值高的一侧，故文字标签将移到左侧。

完成操作后，如图 3-91 所示。

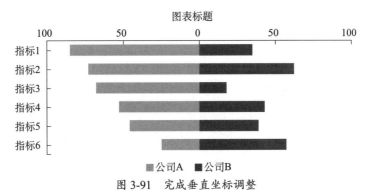

图 3-91　完成垂直坐标调整

（6）图表的完善和美化。

① 修改图表标题：商品指标对比旋风图。

② 删除图表网格线。

当前的网格线影响美观，可以单击选择网格线，进行删除。

其他编辑按需要进行。

3）实现

至此，"商品指标对比旋风图"完成，如图 3-92 所示。通过 A、B 两个公司生产的同款商品的各项指标对比，可以直观地对照商品性能。总体看，公司 A 的相关指标多数优于公司 B。

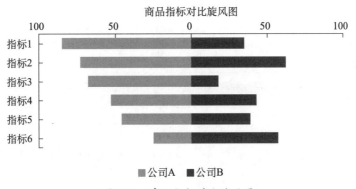

图 3-92　商品指标对比旋风图

WPS 表格软件的图表设计是非常丰富的，读者可以从上述案例的设计中，熟练掌握图表各个要素的设计理念，以及图表美化的基本方法，这样，其他的图表也就容易设计制作了。

3.3 电子表格综合案例

在实际的电子表格综合应用中，工作表页数会较多，每页工作表的记录也可能比较大，一般需要从常规的格式设置开始，对数据进行公式和函数的应用，并创建图表、数据透视表，以及根据需要可以结合 VBA 编程，构建动态图表，实现电子表格的综合应用。

下面，通过如图 3-93 所示表格，按要求进行实施，完整的素材见教材附带资源。

3.3.1 案例设计要求

小李是某食品贸易公司销售部工作人员，现需要对"食品销售报表 .xlsx"素材表格中的销售数据进行分析和处理，根据以下要求，完成此项工作。

（1）编辑电子表格，命名"产品信息"工作表的单元格区域 A1:D78 为"产品信息"；命名"客户信息"工作表的单元格区域 A1:G92 为"客户信息"。

（2）在"订单明细"工作表中，完成下列任务。

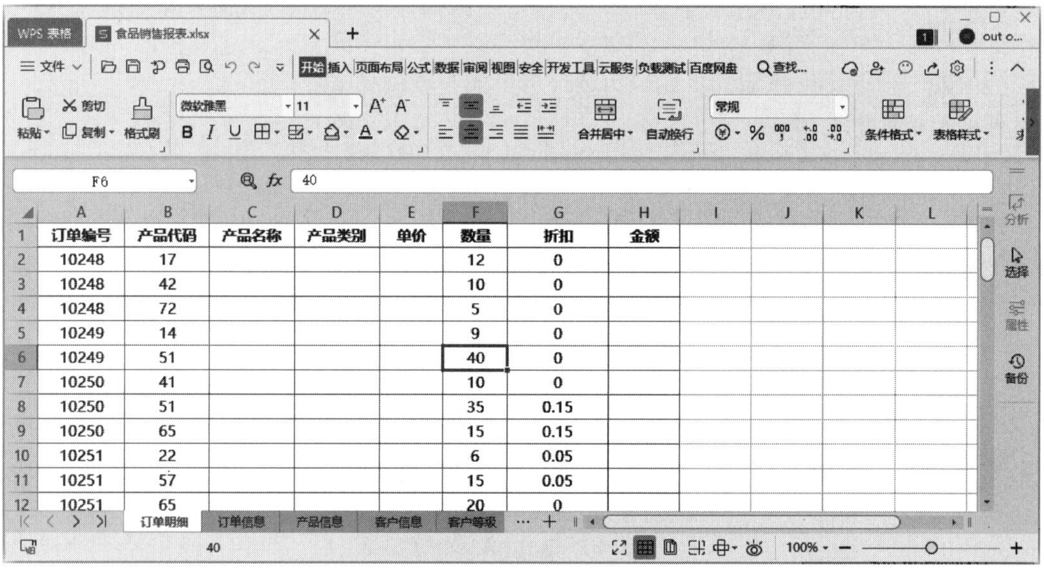

图 3-93 "食品销售报表 .xlsx" 素材表

① 根据 B 列中的产品代码，在 C 列、D 列和 E 列填入相应的产品名称、产品类别和产品单价（对应信息可在"产品信息"工作表中查找）；

② 设置 G 列单元格格式，折扣为 0 的单元格显示"-"，折扣大于 0 的单元格显示为百分比格式，并保留 0 位小数（如 15%）；

③ 在 H 列中计算每个订单的销售金额，公式为"金额 = 单价 × 数量 × (1 - 折扣)"，设置 E 列和 H 列单元格为货币格式，保留两位小数。

（3）在"订单信息"工作表中，完成下列任务：

① 根据 B 列中的客户代码，在 E 列和 F 列填入相应的发货地区和发货城市（提示：需

首先清除 B 列中的空格和不可见字符 ），对应信息可在 "客户信息" 工作表中查找；

② 在 G 列计算每个订单的订单金额，该信息可在 "订单明细" 工作表中查找（注意：一个订单可能包含多个产品），计算结果设置为货币格式，保留两位小数；

③ 使用条件格式，将每个订单订货日期与发货日期间隔大于 10 天的记录所在单元格填充颜色设置为 "红色"，字体颜色设置为 "白色，背景 1"。

（4）在 "产品类别分析" 工作表中，完成下列任务。

① 在 B2:B9 单元格区域计算每类产品的销售总额，设置单元格格式为货币格式，保留 2 位小数；并按照销售额对表格数据降序排序；

② 在单元格区域 D1:L17 中创建复合饼图，参考效果如图 3-94 所示，设置图表标题、绘图区、数据标签的内容及格式。

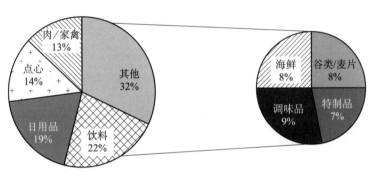

图 3-94 复合饼图参考效果

（5）在所有工作表的最右侧创建一个名为 "地区和城市分析" 的新工作表，并在该工作表 A1:C19 单元格区域创建数据透视表，如图 3-95 所示，以便按照地区和城市汇总订单金额。

（6）在 "客户信息" 工作表中，根据每个客户的销售总额计算其所对应的客户等级（不要改变当前数据的排序），等级评定标准可参考 "客户等级" 工作表；使用条件格式，将客户等级为 1~5 级的记录所在单元格填充颜色设置为 "红色"，字体颜色设置为 "白色，背景 1"。

（7）在 "客户信息" 工作表内，创建动态图表，如图 3-96 所示。

① 创建动态数据表。

单击 "客户信息" 工作表内的任一有效单元格数据，即在该表以 "I1" 单元格为开始的位置，显示相应的统计结果数据表。

例如，单击 "客户信息" 工作表的 "发货城市" 列的 E2 单元格，其内容为 "北京"，此时即自动计算以 "订单信息" 工作表的 "发货城市" 列、其值为 "北京" 的 "订单金额" 总额，填入 "客户信息" 工作表的 "订单金额合计"；并在 "客户信息" 工作表的 "全部金额" 列中，计算 "订单信息" 工作表的全部 "订单金额"。

② 创建动态图。

在"客户信息"工作表中，根据上述的动态数据表，生成相应的动态圆环图。

（8）为电子表格文件添加自定义属性，属性名称为"机密"，类型为"是或否"，取值为"是"。

	A	B	C
1	发货地区	发货城市	求和项:订单金额
2	东北	大连	￥44,635.01
3		北京	￥19,885.02
4		秦皇岛	￥22,670.88
5	华北	石家庄	￥24,460.51
6		天津	￥182,610.14
7		张家口	￥5,096.60
8		常州	￥25,580.56
9		南昌	￥5,694.16
10	华东	南京	￥53,004.87
11		青岛	￥4,392.36
12		上海	￥1,275.00
13		温州	￥33,183.73
14		海口	￥3,568.00
15	华南	厦门	￥1,302.75
16		深圳	￥95,755.28
17	西北	西安	￥2,642.50
18	西南	重庆	￥56,012.17
19	总计		￥581,769.55

图 3-95　数据透视表参考效果

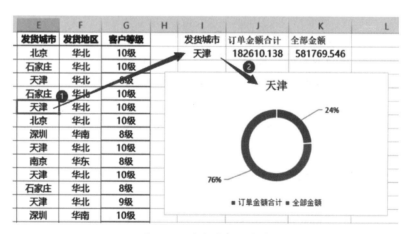

图 3-96　动态图表效果图

3.3.2　设计与操作

1）单元格区域命名

在 WPS 表格中，通过对单元格区域命名，在后续的公式和函数等应用中，对相关单元格区域的引用更为便捷，输入单元格区域名称即可在整个表格工作簿中实现访问。

（1）命名"产品信息"单元格区域。

① 单击"产品信息"工作表标签，选择 A1:D1 单元格区域，按住〈Ctrl+Shift〉键，再按〈↓〉键，实现 A1:D78 区域的全部选择。

② 右击所选区域，在弹出的快捷菜单中选择"定义名称"，打开对话框如图 3-97 所示。按要求输入名称"产品信息"，单击"确定"按钮完成。

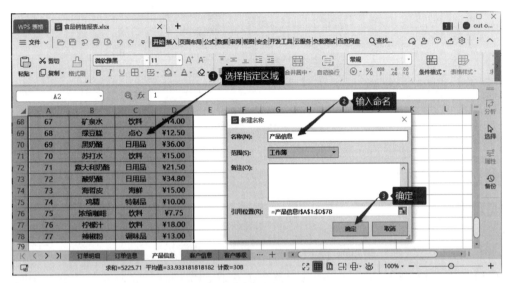

图 3-97　单元格区域名称定义

在对话框中可见，默认的区域名称的"范围"是工作簿，也就是整个表格文件有效，可直接访问而不需要写成指定工作表的常规格式。

（2）命名"客户信息"单元格区域。

方法同上，在"客户信息"工作表中，选择单元格区域 A1:G92，定义名称为"客户信息"，同样在工作簿范围内可直接访问。

2）在"订单明细"工作表中，完成相关任务

（1）使用函数公式，在 C 列、D 列和 E 列填入相应的产品名称、产品类别和产品单价。

在 C1 单元格，设计函数公式：

=VLOOKUP(B2,产品信息 ,2,FALSE)

如图 3-98 所示，WPS 表格的函数编辑智能提示功能，可以准确地提供公式编辑帮助。

VLOOKUP 函数的基本语法：

VLOOKUP(查找值 , 数据表 , 列序数 , [匹配条件])

其中，查找值表示当前单元格依据该值到数据表中进行查找；数据表是查找目标的数据区域，根据查找值找到数据表所在的行；列序数就是根据查找值在数据表中找到的行，选择列方向的对应数据，即为查找结果。而匹配条件输入为 FALSE，表示精确查找。

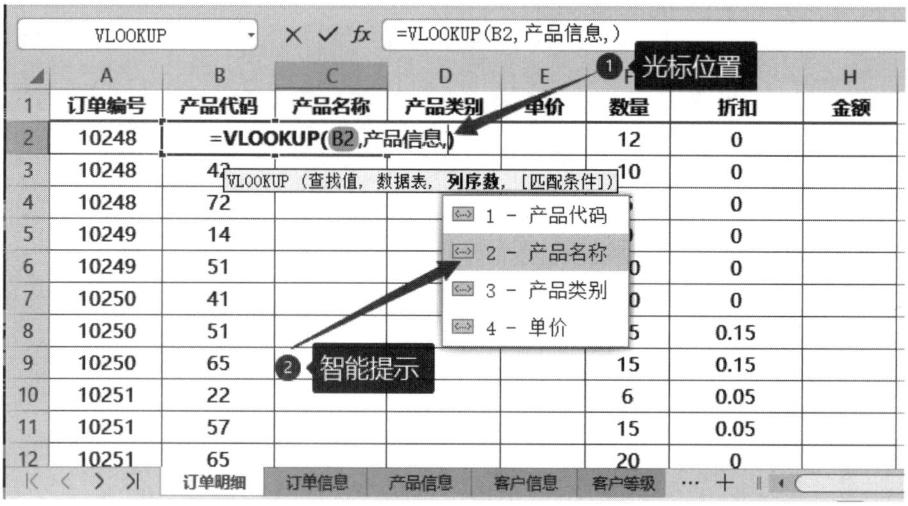

图 3-98　VLOOKUP 函数公式的编辑

在 D1 单元格，设计函数公式：

=VLOOKUP(B2, 产品信息 ,3,FALSE)

在 E1 单元格，设计函数公式：

=VLOOKUP(B2, 产品信息 ,4,FALSE)

之后，选中 C2:E2 区域，双击 E2 单元格右下角的填充柄，完成相关数据的函数公式填充。

（2）G 列单元格格式设置。

选择 G 列（G2:G907），右击弹出快捷菜单，选择"设置单元格格式"。

打开"单元格格式"对话框，如图 3-99 所示，选择数字分类为"自定义"，并输入类型：

0%;;"-"；

单击"确定"按钮完成。数字格式用分号间隔，第 1 段为大于 0 的显示格式，此处为"0%"，表示以 0 位小数的百分数表示；第 2 段为小于 0 的显示格式，折扣不出现负数，此时省略格式；第 3 段为等于 0 的显示格式，此处输入""-""，表示用"-"符号代替。

（3）在 H 列中计算每个订单的销售金额，并设置 E 列和 H 列单元格格式。

在 H2 单元格编辑输入公式：

=E2*F2*(1-G2)

选择 H2 单元格，双击其单元格右下角填充柄完成公式填充。

再选择 E 列和 H 列单元格区域，设置单元格"数字分类"为"货币"，设置小数位数为 2，单击"确定"按钮完成。

最后，选择 E 列和 H 列，单击 WPS 表格功能区的"开始"→"行与列"→"最适合的列宽"命令，完成。

图 3-99　设置自定义数字格式

3）在"订单信息"工作表中，完成相关任务

（1）在 E 列和 F 列填入相应的发货地区和发货城市。

① 清除 B 列中的空格和不可见字符，

先在 H2 单元格输入函数公式：

=TRIM(CLEAN(B2))

其中，CLEAN 函数用于删除指定单元格中的所有非打印字符。TRIM 函数用于删除指定单元格内字符串首尾的所有空格。

之后，双击 H2 单元格填充柄，完成全列函数公式的填充；并复制该行内容，在 B 列的 B2 单元格开始的区域，进行"选择性粘贴"，选择粘贴"数值"。

最后，删除 H 列的相关内容，完成清除操作。

② 使用函数实现在 E 列和 F 列填入相应的发货地区和发货城市。

先在 E2 单元格输入函数公式：

=VLOOKUP(B2, 客户信息 ,6,FALSE)

然后，在 F2 单元格输入函数公式：

=VLOOKUP(B2, 客户信息 ,5,FALSE)

最后，选择 E2:F2，双击 F2 右下角填充柄，完成函数填充，实现发货地区和发货城市的填充。

（2）在 G 列计算每个订单的订单金额，并设置格式。

① 在 G2 单元格输入函数公式：

=SUMIF(订单明细 !$A$2:$A$907,A2, 订单明细 !$H$2:$H$907)

其中，此处使用 SUMIF 实现条件求和，表示在"订单明细"工作表的"订单编号"列，匹配与 A2 单元格相同的订单号记录；并把选中的记录，在 H 列"金额"中匹配对应行号的金额进行求和。这样，就得到了指定订单编号的订单总金额（因为相同的订单号内，有多个产品对应的金额需要相加）。

② 设置单元格格式。

选择 H 列单元格区域，设置单元格"数字分类"为"货币"，设置小数位数为 2，单击"确定"按钮完成。

（3）条件格式。

① 选择单元格区域 A2:G342。

② 单击 WPS 表格功能区的"开始"→"条件格式"→"新建格式规则"命令，打开对话框。

如图 3-100 所示，选择"使用公式确定要设置格式的单元格"选项，在"只为满足以下条件的单元格设置格式"下输入公式：

=$D2-$C2>10

该自定义公式表示，在整个指定区域内，各行中满足其 D 列单元格与 C 列单元格之差大于 10 时，使用指定设置后的格式。

③ 设置格式。

单击"格式"按钮，打开"单元格格式"设置，选择"图案"选项卡，将"单元格底纹"的颜色设置为"红色"；切换为"字体"选项卡，设置主题颜色为"白色，背景 1"。

最后，单击"新建格式规则"对话框的"确定"按钮，完成条件格式设置，效果如图 3-101 所示。

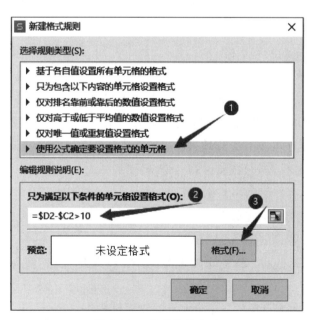

图 3-100　新建格式规则

	E5		▾		fx	=VLOOKUP(B5,客户信息,6,FALSE)	

	A	B	C	D	E	F	G
1	订单编号	客户代码	订货日期	发货日期	发货地区	发货城市	订单金额
2	10248	VINET	2015/1/1	2015/1/13	华北	天津	¥782.00
3	10249	TOMSP	2015/1/2	2015/1/7	华东	青岛	¥2,329.25
4	10250	HANAR	2015/1/5	2015/1/9	华东	南昌	¥1,941.64
5	10251	VICTE	2015/1/5	2015/1/12	华北	秦皇岛	¥818.58
6	10252	SUPRD	2015/1/6	2015/1/8	华北	天津	¥4,497.38
7	10253	HANAR	2015/1/7	2015/1/13	华东	南昌	¥1,806.00
8	10254	CHOPS	2015/1/8	2015/1/20	华北	天津	¥695.78
9	10255	RICSU	2015/1/9	2015/1/12	华东	南京	¥3,115.75
10	10256	WELLI	2015/1/12	2015/1/14	华南	深圳	¥648.00

图 3-101　条件格式设置效果

4）在"产品类别分析"工作表中，完成相关任务

（1）在 B2:B9 单元格区域计算每类产品的销售总额，并设置单元格格式。

先在 B2 单元格输入函数公式：

=SUMIF(订单明细 !$D$2:$D$907,A2, 订单明细 !$H$2:$H$907)

双击 B2 单元格填充柄，完成函数填充。使用 SUMIF 条件求和公式，根据产品类别，在"订单明细"工作表中匹配相应的记录，完成销售总额的求和计算。

然后，选择 B2:B9 单元格区域，设置单元格格式。选择"数字分类"为"货币"，小数位数为 2，完成设置，如图 3-102 所示。

最后，单击"销售额"的某个数据单元格，如 B2；单击 WPS 表格功能区的"开始"→"排序"→"降序"命令，核对数据是否已按销售额从高到低排序。

	B2			fx	=SUMIF(订单明细!$D$2:$D$907,A2,订单明细!$H$2:$H$907)					

	A	B	C	D	E	F	G	H
1	产品类别	销售额						
2	饮料	¥126,706.98						
3	调味品	¥51,984.63						
4	特制品	¥43,525.39						
5	肉/家禽	¥73,216.65						
6	日用品	¥110,183.28						
7	海鲜	¥48,789.86						
8	谷类/麦片	¥44,120.68						
9	点心	¥83,242.09						
10								
11								

图 3-102　销售额统计与设置格式

（2）根据效果图，在单元格区域 D1:L17 中创建复合饼图。

① 选择单元格数据区域 A1:B9，单击 WPS 表格功能区的"插入"→"全部图表"→"饼图"命令，选择"复合饼图"选项，单击"插入"按钮，如图 3-103 所示。

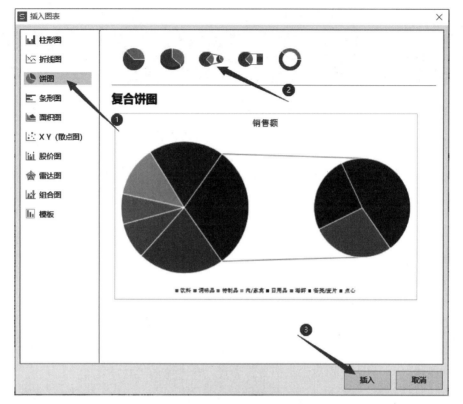

图 3-103　插入复合饼图

下面，对照操作要求中的图示效果进行进一步的设置改进。

② 调整图表图例。

单击 WPS 表格功能区的"图表工具"→"添加元素"→"图例"→"无"命令，如图 3-104 所示。

各类产品所占比例

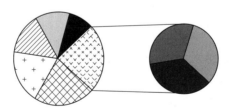

图 3-104　调整标题后的初始图表

③ 在图表中选择绘图区饼图，右击展开快捷菜单，选择"设置数据系列格式"命令，打开右侧"属性"窗格。

在"属性"窗格中，选择"第二绘图区中的值"为 4，如图 3-105 所示。

④ 单击 WPS 表格功能区的"图表工具"→"添加元素"→"数据标签"→"更多选项"命令，设置标签属性，如图 3-106 所示。

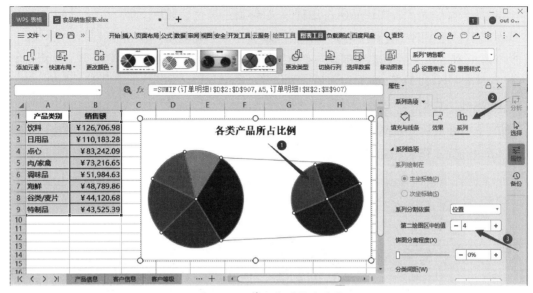

图 3-105　第二绘图区的设置

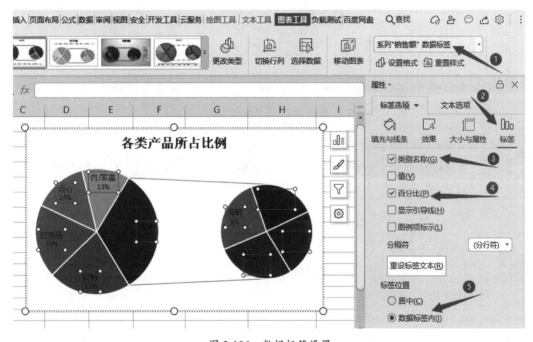

图 3-106　数据标签设置

　　勾选"类别名称"和"百分比"复选框，除去其他勾选项，并设置"标签位置"为"数据标签内"。

　　⑤ 饼图颜色效果调整。

　　单击 WPS 表格功能区的"文本工具"→"文本填充"→"黑色，文本 1"命令，使得文字颜色更清晰。

　　选择饼图的不同区块，设置颜色，让其与文字的对比更为合理。

修改图表标题为"各类产品所占比例"，字体为"黑色，加粗，16"。

⑥ 最后，把饼图放置到指定的单元格区域 D1:L17，如图 3-107 所示。

5）在所有工作表的最右侧创建一个名为"地区和城市分析"的新工作表，并在该工作表 A1:C19 单元格区域创建数据透视表

（1）新建工作表。

如图 3-108 所示，在 WPS 表格软件底部工作表标签区域，单击"+"按钮创建一页新工作表。双击新建工作表的标签，修改为"地区和城市分析"，按〈Enter〉键确定。

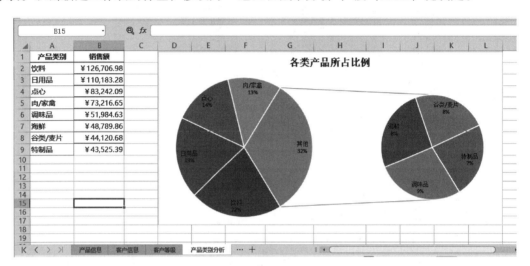

图 3-107　完成饼图设计

图 3-108　新建工作表

（2）插入数据透视表。

① 在工作表"订单信息"的数据区单击任一单元格，单击 WPS 表格功能区的"插入"→"数据透视表"按钮，打开"创建数据透视表"对话框，如图 3-109 所示。

当前，已自动选择要分析的数据单元格区域为"订单信息 !$A$1:$G$342"；"请选择放置数据透视表的位置"选择"现有工作表"，再单击工作表"地区和城市分析"的 A1 单元格，自动输入内容为"地区和城市分析 !$A$1"，单击"确定"按钮，完成创建数据透视表。

② 设置数据透视表数据。

根据案例要求，在"字段列表"依次选择"发货地区""发货城市"拖曳至"行"区域，选择"求和项订单金额"拖曳至"值"区域，完成数据透视表的基本设置，如图 3-110 所示。

完成后，发现数据透视表的布局与案例要求不一致，需要继续改进。

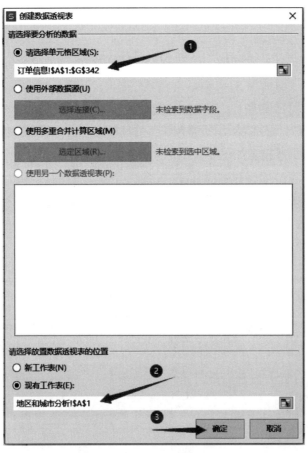

图 3-109　创建数据透视表向导

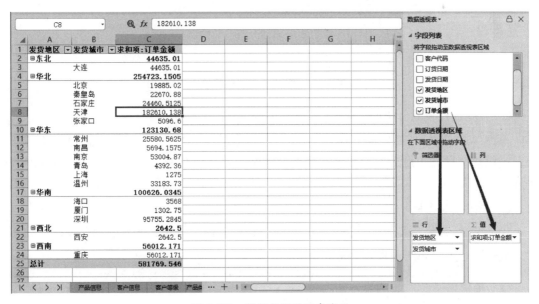

图 3-110　设置数据透视表字段

（3）按样例定制数据透视表。

① 数据透视表的选项设置。

单击数据透视表的任一单元格，单击 WPS 表格功能区的"分析"→"选项"命令，打开"数据透视表选项"对话框。

在"布局和格式"选项卡下，勾选"合并且居中排列带标签的单元格"复选框；在"显示"选项卡下，不勾选"显示展示/折叠按钮"复选框，单击"确定"按钮完成对话框设置。

完成设置后的数据透视表如图 3-111 所示，注意此时与前一个状态的改变。

	A	B	C	D
1	发货地区▾	发货城市▾	求和项:订单金额	
2	东北		44635.01	
3		大连	44635.01	
4	华北		254723.1505	
5		北京	19885.02	
6		秦皇岛	22670.88	
7		石家庄	24460.5125	
8		天津	182610.138	
9		张家口	5096.6	
10	华东		123130.68	
11		常州	25580.5625	
12		南昌	5694.1575	
13		南京	53004.87	
14		青岛	4392.36	
15		上海	1275	
16		温州	33183.73	
17	华南		100626.0345	
18		海口	3568	
19		厦门	1302.75	
20		深圳	95755.2845	
21	西北		2642.5	
22		西安	2642.5	
23	西南		56012.171	
24		重庆	56012.171	
25	总计		581769.546	
26				

图 3-111　数据透视表选项修改

② 数据透视表的分类汇总取消。

单击 WPS 表格功能区的"设计"→"分类汇总"命令，在其下拉列表中选择"不显示分类汇总"选项。此时，数据透视表在"求和项：订单金额"列下的汇总显示取消，如图 3-112 所示。

③ 修改报表布局

单击 WPS 表格功能区的"设计"→"报表布局"命令，在其下列列表中选择"以表格形式显示"选项，如图 3-113 所示。

4）订单金额列的格式修改

双击 C1 单元格，修改内容为"订单金额汇总"。

选择 C2:C19，设置单元格格式"数字分类"为"货币"，设置小数位数为 2，单击"确定"按钮完成。

	A	B	C	D
1	发货地区 ▾	发货城市 ▾	求和项:订单金额	
2	东北			
3		大连	44635.01	
4	华北			
5		北京	19885.02	
6		秦皇岛	22670.88	
7		石家庄	24460.5125	
8		天津	182610.138	
9		张家口	5096.6	
10	华东			
11		常州	25580.5625	
12		南昌	5694.1575	
13		南京	53004.87	
14		青岛	4392.36	
15		上海	1275	
16		温州	33183.73	
17	华南			
18		海口	3568	
19		厦门	1302.75	
20		深圳	95755.2845	
21	西北			
22		西安	2642.5	
23	西南			
24		重庆	56012.171	
25	总计		581769.546	
26				

图 3-112　取消分类汇总效果

	A	B	C	D
1	发货地区 ▾	发货城市 ▾	求和项:订单金额	
2	东北	大连	44635.01	
3		北京	19885.02	
4		秦皇岛	22670.88	
5	华北	石家庄	24460.5125	
6		天津	182610.138	
7		张家口	5096.6	
8		常州	25580.5625	
9		南昌	5694.1575	
10	华东	南京	53004.87	
11		青岛	4392.36	
12		上海	1275	
13		温州	33183.73	
14		海口	3568	
15	华南	厦门	1302.75	
16		深圳	95755.2845	
17	西北	西安	2642.5	
18	西南	重庆	56012.171	
19	总计		581769.546	
20				

图 3-113　修改报表布局

数据透视表的外观修改完成，最终效果如图 3-114 所示。

图 3-114　数据透视表最终效果

6）在"客户信息"工作表中，根据每个客户的销售总额计算其所对应的客户等级，并设置条件格式

（1）客户等级计算。

在"客户信息"工作表中，选择 G2 单元格，输入函数公式：

=VLOOKUP(SUMIF(订 单 信 息 !$B$2:$B$342,A2, 订 单 信 息 !$G$2:$G$342), 客 户 等级 !$A$2:$B$11,2, TRUE)

SUMIF 函数根据当前客户的"客户代码"A2 单元格的值，在"订单信息"工作表统计了该用户的销售总额。VLOOKUP 函数根据销售总额在"客户等级"工作表中匹配相应的客户等级。需要注意的是，此处必须要使用"TRUE"进行大致匹配，这样才能使销售总额对应相关的客户等级（往小数端对齐），得到 G2 单元格的值为"10级"。

最后，双击 G2 单元格填充柄，完成全部客户等级的计算。

（2）设置条件格式。

① 先选中"客户信息"工作表的 A2:G92 数据区域，单击 WPS 表格功能区的"开始"→"条件格式"→"新建规则"命令，打开"新建格式规则"对话框。

② 再单击"使用公式确定要设置格式的单元格"，在"只为满足以下条件的单元格设置格式"下输入公式为：

=MID($G2,1,LEN($G2)-1)-1<=4

注意：案例要求将 1~5 级的客户所在行设置为指定的单元格格式，但由于公式计算可能会出现 MID 函数的结果（文本）不能与数值进行比较，故上述公式为用 MID 函数值 −1，让 WPS 自动转换为数值再比较，确保实现正确的判断，如图 3-115 所示。

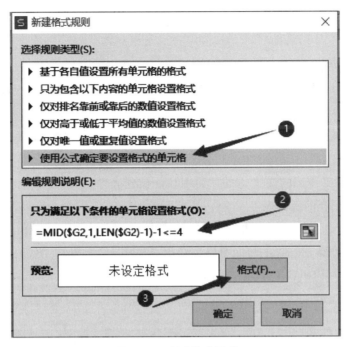

图 3-115 新建格式规则

③ 完成格式设置。

参照之前的步骤,设置格式:单元格填充颜色设置为"红色",字体颜色设置为"白色,背景 1"。确定后,部分数据结果如图 3-116 所示。

35	CENTC	三捷实业	王先生	市场经理	大连	东北	10级
36	MEREP	华科	吴小姐	市场助理	大连	东北	6级
37	SIMOB	百达电子	徐文彬	物主	天津	华北	7级
38	MAGAA	阳林	刘先生	市场经理	深圳	华南	10级
39	QUICK	高上补习班	徐先生	结算经理	天津	华北	1级
40	FURIB	康浦	王先生	销售经理	南京	华东	9级
41	WOLZA	汉典电机	刘先生	物主	天津	华北	10级
42	QUEEN	鹰之翼留学服务中心	赵小姐	市场助理	北京	华北	8级
43	LETSS	兴中保险	方先生	物主	厦门	华南	10级
44	ALFKI	三川实业	刘小姐	销售代表	天津	华北	10级
45	ERNSH	正人资源	谢小姐	销售经理	深圳	华南	2级
46	RICAR	宇欣实业	黄雅玲	助理销售代理	天津	华北	9级
47	PRINI	康毅系统	林彩瑜	销售代表	张家口	华北	10级

图 3-116 完成格式设置

7)在"客户信息"工作表内,创建动态图表

根据案例要求以及已给的示例图,设计如下。

(1)创建动态数据表。

由于需要在"客户信息"工作表的数据区域单击单元格,自动刷新并生成数据表,故采用结合 WPS 表格软件开发工具的 VB 编辑器。基于 VB 代码的 Worksheet_SelectionChange() 事件,动态获取被点中的单元格内容,并结合函数公式,构建动态数据表。

① 操作 WPS 表格功能区，选择"开发工具"→"VB 编辑器"命令，打开"VB 编辑器"开发环境。

如图 3-117 所示，在 VB 开发环境中，开始动态图表的创建。在 WPS 文字的相关内容中，我们已经通过域的应用体会到 VBA 的强大功能，这里，同样能为 WPS 表格提供关键的技术支持。

在 VB 编辑器左上方的项目对象列表中，选择当前工作表"Sheet4（客户信息）"双击，打开其代码窗口。

在右侧代码窗口顶部的左上方的"通用"下拉列表中选择"Worksheet"，表示当前的 VB 代码作用仅限于当前工作表。

在右侧代码窗口顶部的右上方的"事件"下拉列表中选择"SelectionChange"，表示当前的 VB 代码在用户单击选择的单元格发生变化的时候，会触发相关代码开始执行。

最后生成的事件代码如下（尚未添加内容代码）：

```
Private Sub Worksheet_SelectionChange(ByVal Target As Range)
End Sub
```

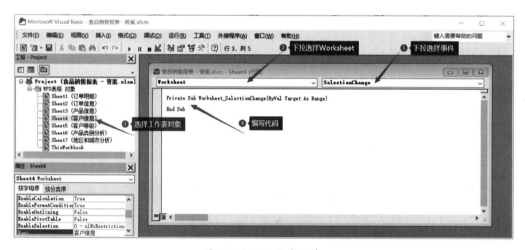

图 3-117　VB 开发环境

② 编码。

案例中，需要对"客户信息"工作表内不同的数据类型进行选择时，相应生成动态数据表。此时的 Target 对象就是单击单元格获得的内容，只要把它赋值给表格中的指定单元格，相关内容就会随用户的选择而相应变化。编辑后的代码如下：

```
Private Sub Worksheet_SelectionChange(ByVal Target As Range)
    If Target.Row > 1 And Target.Column = 5 And Target.Text <> "" Then
        [I1] = Cells(1, Target.Column)
        [I2] = Target
    End If
End Sub
```

上述代码中，Target.Row 表示选定单元格的行号，要大于 1，选择标题无效。

Target.Text 表示该单元格的内容，不能为空，否则无意义。

Target.Column = 5 表示单击的单元格列号，只有单击第 5 列（E 列，发货城市）才有效。

满足上述条件后，把选中的单元格的内容赋值给 I2 单元格，并把选中单元格所在的列标题内容赋值给 I1 单元格。这样，就获得了生成动态数据表的关键起始内容，后续按这个特征，结合函数公式，构建对应的数据表。

③ 函数公式。

在 J1 单元格输入"订单金额合计"，在 J2 单元格设计函数公式，计算符合 I1、I2 单元格条件的相关订单金额的合计。

J2 单元格输入函数公式：

=SUMIF(订单信息 !F2:F342,I2, 订单信息 !G2:G342)

K2 单元格输入函数公式：

=SUM(订单信息 !G2:G342)

完成上述设计操作后，在 I1:K2 区域生成了动态数据表，相关数据随用户单击的"发货城市"自动刷新，如图 3-118 所示。

图 3-118　动态数据表

（2）创建动态图。

完成动态数据表的设计后，对于动态图的生成就自然刷新了。

① 选择单元格 I1:K2 区域，操作 WPS 表格的功能区，选择"插入"→"全部图表"，打开"插入图表"对话框。

② 在"插入图表"对话框中，选择"饼图"→"圆环图"，单击"插入"按钮，完成图表插入。

③ 对于生成的"圆环图"，可以使用之前的操作知识进行美化改进，便于用户的直观阅读。

最后，动态图表如图 3-119 所示。单击不同的城市，将同时刷新数据表和图表。

8）为文档添加自定义属性，属性名称为"机密"，类型为"是或否"，取值为"是"

（1）文件属性对话框。

操作 WPS 表格左上方的"文件"菜单，选择"文件"→"属性"，打开属性对话框。

WPS 办公应用（高级）

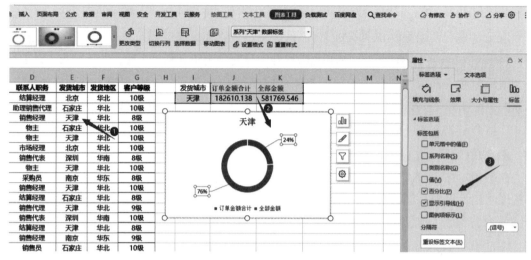

图 3-119　完成动态图的设计操作

（2）自定义名称。

切换至"属性"对话框的"自定义"选项卡，设置如下：

在"名称"文本框中输入文字"机密"；

在"类型"文本框中选择"是或否"；

取值：是。

相关操作如图 3-120 所示。

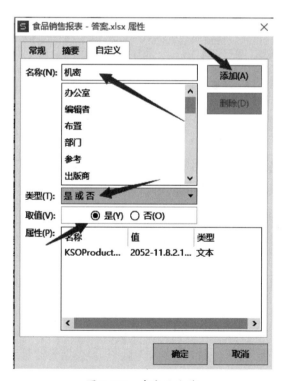

图 3-120　自定义名称

最后，单击"添加"按钮，完成文件属性的设置。

至此，整个综合案例操作完成。

注意：本文档中，使用了 VBA 代码，为了确保完整的使用，需要保存为"xlsm"格式；并且，在重新打开文档时，可能需要按 WPS 表格的提示，选择"启用宏"命令。

第4章

WPS协作办公

WPS 软件随计算机技术发展而不断更新，伴随用户的办公需求变化而不断完善，其版本众多，适应不同类型用户。本文以 WPS Office 2019 专业版为基本应用环境，相关内容与 WPS Office 2019 教育版完全兼容。

打开 WPS 软件，无论是 WPS 文字，WPS 演示或 WPS 表格，均可以用同一个 WPS 账户登录，进行 WPS 云端资源协作和协同办公。

注意：默认情况下，本章以 WPS 文字为例，进行相关知识的讲述。本章内容所涉及的全部功能，需要安装使用 WPS Office 2019 专业版或教育版；个人版无法使用全部功能。

学习目标

- 通过 WPS 云功能的应用，掌握协作办公的相关应用技能。
- 会创建 WPS 账户，掌握不同终端的云文档创建和应用。
- 能设置云文档的安全事项，实现多人协作编辑云文档，掌握在线协作应用。
- 了解便签的应用，结合 WPS 账户，实现多终端便签同步应用。
- 掌握云文档的资源管理，确保安全共享等。
- 认识到 WPS 网盘等云端协作应用具有自主知识产权，各项技术安全可控，确保用户资源得到更安全的保护。

学习任务

- WPS 账户创建与管理。
- 云文档的创建与共享。
- WPS 在线协作。
- 便签应用。
- WPS 在线管理。

4.1 云文档的创建

随着计算机技术和网络的快速发展，人们对于办公软件的在线共享与协作编辑的需求日益增加。比如，同一家公司在全国有多个机构，在进行公司文件编辑时，采用在线协作编辑将极大提高工作效率；对相关文档进行网盘云文档应用，不仅便于共享，备份在线文件，更重要的是能按需要回溯文档以往编辑的状态版本，可以实现文档还原等更全面的办公资源安全保护功能。WPS Office 办公软件能为我们完整地提供了相关功能，充分满足上述各项需求。

说明：云文档的基础硬件环境是互联网，本章相关操作需确保当前用户的本地 WPS Office 软件能正常访问 WPS 云端资源。

4.1.1 WPS Office 和金山文档

WPS Office 办公软件和金山文档是同属于金山办公的"兄弟"产品，二者在深度编辑和多人在线协作两个领域，互相补充。如果想要本地深度编辑，那 WPS Office 能专业、全面地满足用户的专业办公需求。如果是多人协作的场景，金山文档具有高效、轻便的特征，特别是通过网页或小程序等形式，可以更灵活地解决用户需求。

在 WPS Office 2019 中，自带金山文档功能，当把 WPS 文档上传为云文档后，这个文档就可以开启"多人在线编辑"，可以在指定范围内，通过各种终端在线共享编辑。云文档首先通过授权许可，之后在浏览器中打开即可实现在线编辑，是当前各种办公软件的发展方向之一，WPS Office 办公软件作为国产软件拥有显著的优势。

4.1.2　云文档的创建方法

1. WPS Office 账号登录

WPS 初始打开应用，尚未启用云文档，必须使用 WPS 账号登录后，才能进行云端应用。如图 4-1 所示，在 WPS 右上角单击"登录"按钮，建议使用"微信登录"选项，同时可以与微信端的"WPS 办公助手"无缝连接，在微信端单击"关注"按钮后，PC 端的 WPS 软件即完成登录。微信端的"关注"确定如图 4-2 所示。

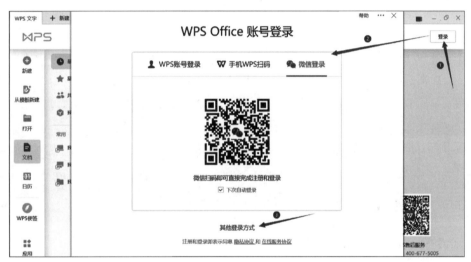

图 4-1　WPS 账户登录

图 4-2　微信端"关注"完成 PC 端登录

在 WPS 账号登录界面，也可以单击下部的"其他登录方式"按钮，如 QQ、钉钉、微博、小米等账号，或企业登录、校园账号等登录。完成首次登录后，默认情形会记住登录状态，下次打开 WPS 自动处于已登录状态，可以进行 WPS 云端操作。

> 小知识：微信、QQ 等扫码登录与自建账号密码登录，哪个更安全？
>
> 在当前网络应用中，常常会遇到某些应用既允许用户自建账号密码登录，又可以直接使用微信或 QQ 等扫码登录，那么哪种方式更方便、更安全呢？使用微信或 QQ 等进行登录称为第三方登录，这种方式登录，比自建账号密码更为方便快捷是显而易见的，但在安全性上，让很多用户感觉不放心。
>
> 其实，第三方登录不仅方便，安全性也普遍优于简单的账号密码登录，主要体现在如下几个方面。
>
> （1）第三方登录是权威验证：具有第三方验证的平台，都是国内国际知名大平台，拥有足够可靠的安全特征。
>
> （2）第三方登录是双向验证：在网络应用发布前，该应用必须向第三方平台申请认证，让具有权威的第三方平台认为该应用是合法、安全的应用。在用户登录时，相关应用也可以获知该用户是第三方平台的合法用户。可见，相关方的验证程度更高更可靠。
>
> （3）第三方登录验证技术安全性高：网络应用使用第三方登录时，需要按大平台指定的安全技术规程进行验证，安全性高。
>
> 可见，使用第三方登录比普通的账号密码登录的安全性更高。但是，也必须注意，作为用于第三方登录的微信、QQ 等账号本身的安全保护很重要，如果微信、QQ 等账号被盗，则可能会导致相关的网络应用登录带来连锁的安全问题。

2. WPS Office 账号设置

使用微信扫码等方式登录 WPS 云端后，为了能完整地使用云共享、协作办公等功能，还需要对身份进行认证，这也是 WPS 对用户的数字资源进行进一步保护的重要手段。

（1）进入个人中心。

打开 WPS，默认已登录账号。

单击 WPS 主界面右上角的"账号名称"→"个人中心"命令，如图 4-3 所示，开始当前账号设置。

（2）打开"绑定手机"进行身份认证界面。

在"个人中心"，选择"绑定手机，让登录使用更安全"→"立即设置"命令，弹出"安全验证"对话框，开始验证，如图 4-4 所示。

（3）绑定手机号，完成验证。

如图 4-5 所示，在对话框中输入手机号，单击"发送验证码"按钮，该手机获得 WPS发送的验证码；输入验证码后，单击"确定"按钮。

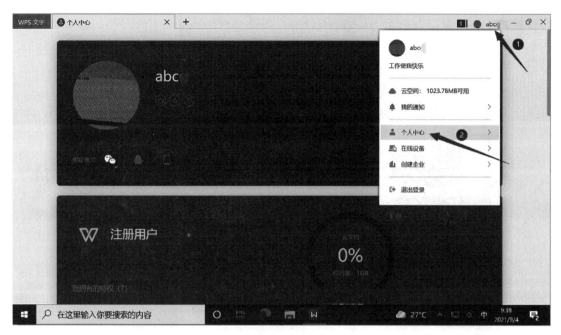

图 4-3　打开个人中心

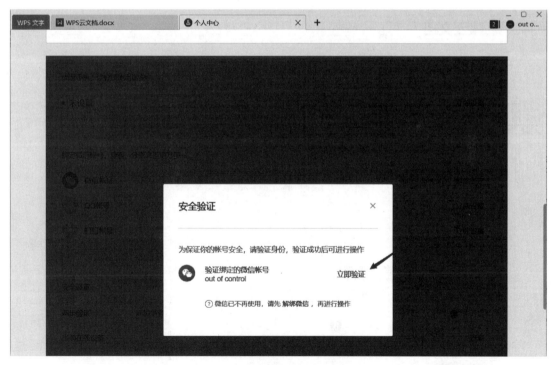

图 4-4　启动账号身份认证

　　而后，系统会继续弹出设置密码的对话框，按操作完成后，WPS 账号身份认证完成。也就是说，当前的 WPS 账号实现了微信登录和手机验证的双重因子身份认证，进一步加强了用户安全。

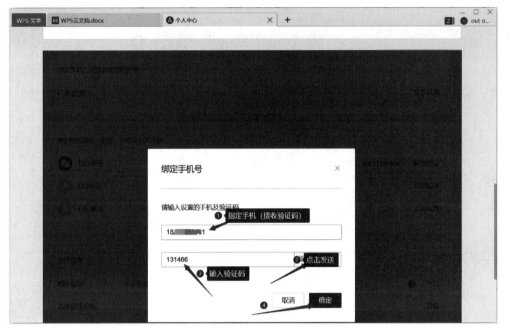

图 4-5　账号身份验证——绑定手机

3. 创建云文档

（1）PC 端。

① 查看 WPS 云资源。

在计算机上，完成 WPS 账号登录后，就可以展示当前用户的 WPS 网盘空间和云文档资源等在线内容了，如图 4-6 所示。

图 4-6　WPS 云文档资源

说明：目前，如果使用 WPS 个人免费版登录，普通注册用户享受 1GB 的网盘容量（实际情况以金山官方规则为准）。

② 创建云文档。

先单击 WPS 软件主界面左上角的"新建"按钮，创建新建文档；再单击"保存"按钮，弹出"另存文件"对话框，选择"我的云文档"选项，如图 4-7 所示。

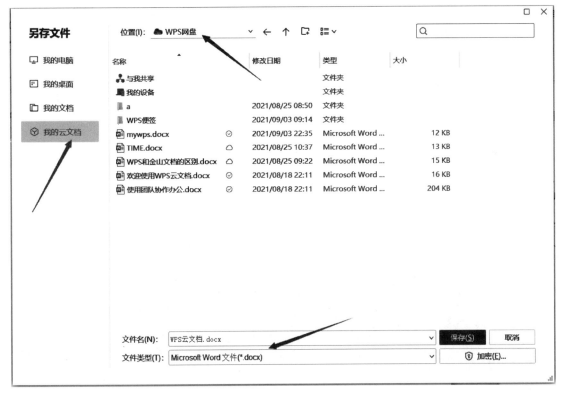

图 4-7　保存为"云文档"

一般情况下，建议保存为 docx 格式，这样的文档兼容性更好。假设当前创建的云文档名为"WPS 云文档 .docx"。

（2）移动端。

此时，打开移动端（如手机）微信的"WPS 办公助手"公众号，选择"我的文档"→"全部文档"命令，即可查看，如图 4-8 所示。移动端与 PC 端实现了同步共享。

注意，此时打开的"金山文档"，正如上文所述，它是一个基于微信打开的小程序，可以选择之前 PC 端创建的云文档——"WPS 云文档 .docx"打开，单击"编辑"按钮，即可实现在移动端进行 WPS 编辑，如图 4-9 所示。

（3）内容同步到 PC 端。

同样，移动端完成内容编辑后，即可在 PC 端获得内容更新提示，如图 4-10 所示。

图 4-8 移动端同步显示　　图 4-9 移动端进行编辑

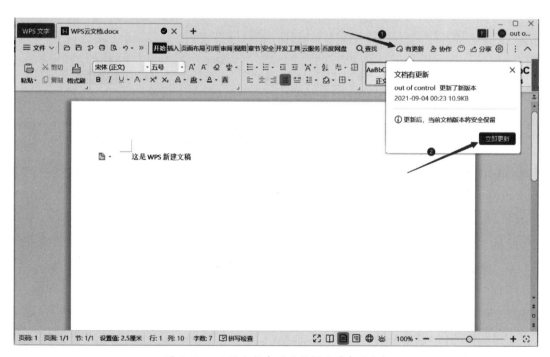

图 4-10 PC 端文档自动更新提示（未更新）

当用户单击"立即更新"按钮时，移动端更新后的文档会自动刷新到当前 PC 端的同名文档中（注：若文档为 PC 端创建，另存为云文档，则 PC 端和云端同步更新；否则，文档更新保存在 WPS 云端）。读者可以在同一 WPS 账号下创建云文档，在不同设备同时登录访问，对照云文档内容的自动更新。

可见，WPS 办公软件拥有完善的同账号云文档在不同设备上的共享访问、自动更新功能，为用户实现了多设备、同账号的云文档共享。

4.1.3　WPS 网盘文件夹

之前，我们已经通过微信扫码登录的方式，登录到 WPS 专业版或教育版，自动获得了 WPS 提供的 1GB 网盘。在 WPS 进行文档编辑后，可以选择存储在本地计算机，也可以另存在"我的云文档"。前者，仅存储在编辑 WPS 文档的设备上；后者，将把 WPS 文档自动上传到网盘空间，并在本地也保存相同的文档。

1. 云文档与分享

WPS 网盘中的文档，按分享的程度，可以有以下 3 种情形。

（1）默认的云文档：仅在同一个账号在不同设备登录后，进行文档共享，上文已述。

（2）把文档进行公开分享访问。

① 如图 4-11 所示，在 WPS 主界面单击"文档"→"我的云文档"命令。

② 选择需要分享的文档，如图中的"VBA.docm"文件→"分享"。

③ 选择"任何人可查看"选项，单击"创建并分享"按钮。

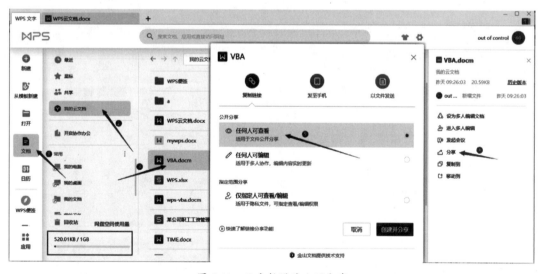

图 4-11　云文档设为公开分享

④ 复制公开共享文档访问地址。

创建分享后，已登录用户直接复制链接即可公开共享。

如果需要免登录共享，则可以创建免登录共享链接。如图 4-12 所示，单击"复制链接"→"获取免登录链接"→"复制链接"命令，把该地址进行分享即可。

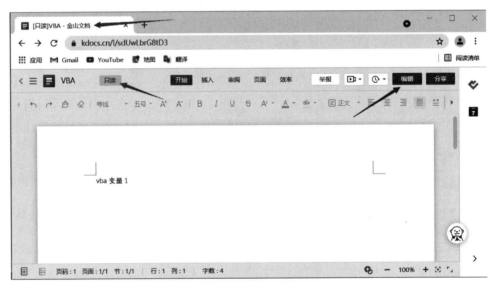

图 4-12　创建共享地址

任何人都可以打开浏览器，输入该共享地址进行访问，如图 4-13 所示。此时的文档是由"金山文档"在浏览器内打开，处于"只读"状态，若想进一步"编辑"，则需要单击界面的"编辑"按钮，按提示进行 WPS 账号登录后，并经过文件拥有者的同意，才能操作。

图 4-13　在浏览器访问共享文档

文档分享还可以使用发至手机、以文件发送、复制二维码访问地址等多种形式，读者可自行操作。

（3）把文档设为"多人编辑文档"。

在 WPS 主界面，选择相关文件，设置为"多人编辑文档"，并进行地址分享。此时，使用浏览器打开地址时，需要登录后才能访问操作。WPS 可以在分享过程中加入指定用户，比如单位同事账号，这样，相关的文档协同操作就更方便了。

从上述 3 种操作中可以看到，如果文档仅作为个人使用，就不要进行分享；后续的分享过程，也要注意编辑功能的授权。

2. 网盘文件备份与还原

保存在 WPS 网盘的文件资源，除共享、协作外，还有一个很重要的功能就是还原。"备份与还原"就是指为了防止因计算机故障而造成的丢失及损坏，从而在原文件中独立出来单独储存的程序或文件副本，并在需要时将已经备份的文件还原到备份。

关于备份，很重要的一个理念就是要异地备份、云备份，因为假设备份文件在同一台计算机，那么这台计算机损坏后，备份也可能同样损坏，起不到保护作用。而 WPS 网盘，很好地实现了文件备份与还原的安全需求。

（1）备份。

① 创建本地文件。

假设，在计算机本地桌面创建文档"我的 WPS 备份 .docx"，输入内容"这是我的 WPS 备份测试文件。"后保存文件。

② 上传至 WPS 网盘。

在已安装启用 WPS 网盘的计算机中，如图 4-14 所示，选择上述文件，右击该文件弹出快捷菜单，选择"上传到"WPS 云文档"命令，打开上传对话框。

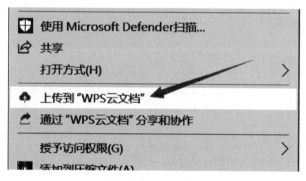

图 4-14　选择上传

③ 确认上传网盘路径，完成上传。

如图 4-15 所示，在上传对话框中，可以按实际需要选择备份路径。

默认的备份路径是在当前账号的 WPS 网盘中的"我的云文档"文件夹路径下。也可以按需要选择其他路径，本例中，选择"a"文件夹路径，单击对话框下方的"确定"按钮，即可完成该文件的上传备份。此时，该文件逻辑路径为"WPS 网盘 \ 我的云文档 \a"，如图 4-16 所示。

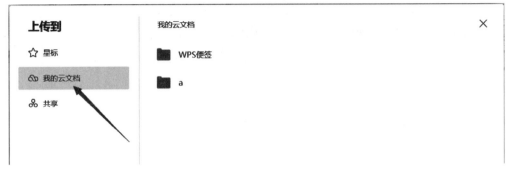

图 4-15　上传对话框

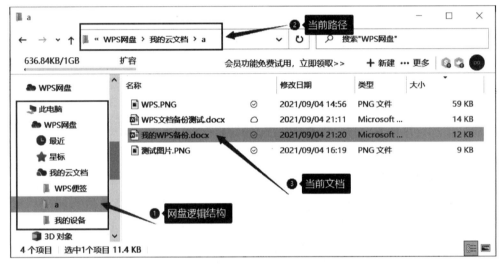

图 4-16　WPS 网盘逻辑路径

（2）还原。

下面，通过对"我的 WPS 备份 .docx"文档的修改与还原操作，分析 WPS 网盘的还原功能。

① 修改——在文档中再写入内容。

如图 4-17 所示，在"WPS 网盘 \ 我的云文档 \a"下，对"我的 WPS 备份 .docx"文档，进行 3 次打开、编辑、保存、关闭。相当于每增加一次修改，都上传了一次备份；之后，再进行编辑修改、上传。

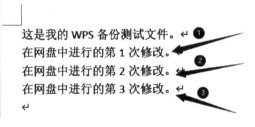

图 4-17　文档修改

在平时，这样的一个文档，当我们再打开时，只能为最后的保存内容。但是，在 WPS 网盘内会有什么备份保护呢？

② 查看——版本历史记录。

在 WPS 网盘 "WPS 网盘 \ 我的云文档 \a" 中，选择 "我的 WPS 备份 .docx" 文档，右击展开快捷菜单，选择 "版本历史记录"，打开对话框，如图 4-18 所示。从该记录中可以看到，每次修改都会有一个版本记录。

③ 还原——返回某个历史记录状态。

注意，进行还原测试前，先将 "WPS 网盘 \ 我的云文档 \a" 的 "我的 WPS 备份 .docx" 文档复制到 WPS 网盘之外，作为对照参考，这也是一种安全保护手段，以免文档被还原功能损坏，并确保 "我的 WPS 备份 .docx" 文档都已关闭，未处于打开状态。

之后，再进行还原操作：假设，选择返回历史记录的 "倒数第 3 次" 状态，如图 4-19 所示，在版本右侧单击，展开功能选择 "还原" 选项，系统会立即从 WPS 云端自动下载并还原 "我的 WPS 备份 .docx" 文档。

图 4-18　版本历史记录

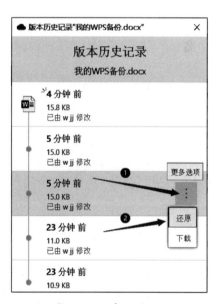

图 4-19　版本还原

完成还原后，我们可以先分析预判还原的内容。我们反推修改保存过程：倒数第 1 个版本，是完成了 "第 3 次修改"，倒数第 2 个版本，是完成了 "第 2 次修改"，那么，倒数第 3 个版本，是完成了 "第 1 次修改"。打开已还原的文档，如图 4-20 所示，的确是完成了 "第 1 次修改" 的内容。

这是我的 WPS 备份测试文件。↵
在网盘中进行的第 1 次修改。↵

图 4-20　还原后的文件内容

而且，在正常情况下，被还原后的文件，又能穿梭回之前的某个已修改状态，可以说是实现了所有已记录状态的自由穿梭。

综合上述 WPS 网盘的备份与还原功能，可以确保我们对相关的数字资源有更完善的安全保护功能。WPS 网盘的文件，即使没有使用 WPS 进行编辑，或者不是文档而是图片等文件，也有相同的备份与还原功能，请读者自行操作测试。

4.2　在线协作

在上一节内容中，"云文档的创建"应用是在同一个 WPS 账号网盘内进行的应用，实现了同一账号在不同设备上的云文档共享。本节，我们将进行在线协作，也就是把当前账号内的文档设为多人编辑文档，实现多个账号之间的分享应用。

4.2.1　云文档安全应用

假设当前账号为"o..."（缩略名），进行云文档创建；之后，分享其他用户编辑，账号如"a..."（缩略名）。

1. 创建云文档

使用"o..."账号，打开 WPS，单击"文档"→"我的云文档"命令，新建云文档"多人编辑文档测试 .docx"，文档内容为空白，如图 4-21 所示。

图 4-21　新建云文档

2. 设为多人编辑文档

选择当前文件"多人编辑文档测试 .docx",在 WPS 主界面的右侧任务窗格,单击"设为多人编辑文档"按钮;按弹出的对话框提示,设置为允许多人编辑。

3. 分享文档

(1)开始分享。

完成"设为多人编辑文档"后,单击"分享"按钮,设置允许编辑文档的用户范围,如图 4-22 所示。

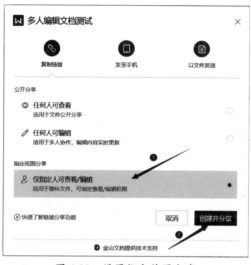

图 4-22　设置指定范围分享

(2)添加用户。

在"邀请他人加入分享"对话框中,选择通讯录,按添加向导选择用户进行添加,如图 4-23 所示。也可以使用输入手机号搜索、发送邀请链接等方式,添加允许编辑的用户。

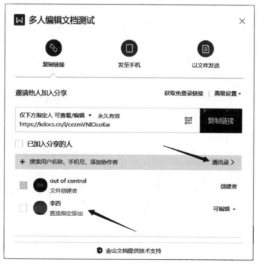

图 4-23　添加用户

完成添加后，新增的"李四"用户（其 WPS 账号为"a..."）可以开始多人编辑。

4. 多人编辑

账号为"a..."的用户打开 WPS 主界面，在"文档"→"共享"目录，可见"共享给我"的"多人编辑文档测试 .docx"，在右侧文档信息窗格中，显示该文档来源于"张三分享"（注：在 WPS 企业应用中，允许为 WPS 账号设置姓名，此处"张三"即为"o..."账号），如图 4-24 所示。

图 4-24　开始多人编辑

双击打开"多人编辑文档测试 .docx"文档，WPS 默认进入"金山文档"编辑模式，如图 4-25 所示。此时的编辑功能较简单，若需要深度编辑，可单击"WPS 打开"按钮进行编辑，如图 4-26 所示。

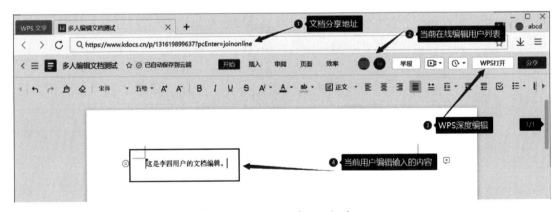

图 4-25　金山文档多人编辑界面

通过多人编辑文档，文件不需人工传送，也不需要互相等待，大大提高了办公效率。在"金山文档"编辑界面，可打开"历史版本"记录，显示不同用户对文档的编辑。如果有需要，可以选择打开某个历史版本，按向导进行还原，如图 4-27 所示。

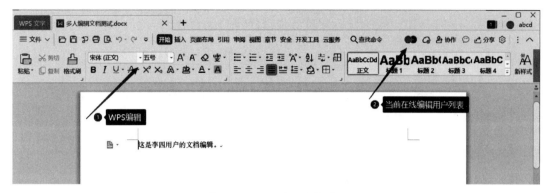

图 4-26　WPS 多人编辑界面

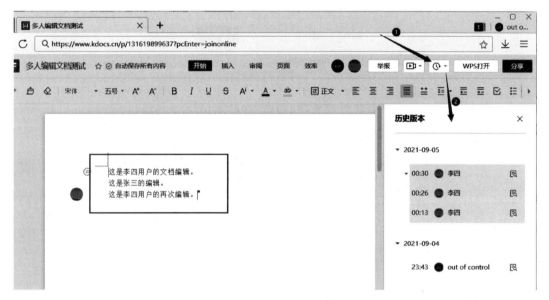

图 4-27　历史版本信息

4.2.2　在线协作应用

在 WPS 专业版（或教育版），可以启用 WPS 企业体验版（简称企业版）功能，实现较完整的在线协同办公。目前，开启企业版是免费的，使用时长和免费的云存储空间以 WPS 官方规则为准。

企业版可以实现文件存储共享与多人协作办公，安全、规范地实现后台管理，统一、高效管理企业办公文件，实现全员共同协作。

1. 启用 WPS 企业版

打开 WPS 主界面，操作鼠标指针移到右上角用户账号图标，在展开的导航列表选择"创建企业"；之后，打开"WPS+ 企业功能介绍"界面，再选择该界面的"创建企业"命令。

如图 4-28 所示，输入企业名称等信息，命名企业名称为"协作办公测试"。创建企业版时，输入的姓名与 WPS 账号是不同的，后续该姓名会在团队信息中出现。

图 4-28　创建企业向导

按照向导完成操作，最后单击"进入企业"按钮，如图 4-29 所示，完成企业创建。

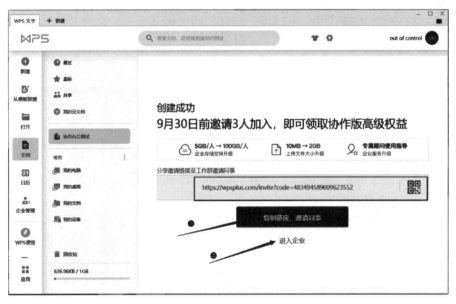

图 4-29　完成企业创建

2. 企业后台管理

重新打开 WPS 主界面，可以进入企业后台管理，如图 4-30 所示，单击"进入管理后台"按钮。

图 4-30　企业管理入口

WPS 企业后台管理如图 4-31所示，系统集合了用户角色与权限管理、空间分配、文档管理、日志报表等，集成了企业信息系统、线上办公协作及企业网盘的常用功能，此处请读者自行测试。

图 4-31　WPS 企业后台管理

3. 基于企业团队的在线协作办公应用

通过企业管理后台，可以添加、完善整个团队的用户及权限安排，开展在线协作办公。

在 WPS 首页，选择"文档"→"协作办公测试"（上文中命名的企业名称）命令，如图 4-32 所示；选择"协作办公测试团队"（上文相关操作中已创建的企业，其下加入的相关成员即组成为企业团队）命令，展现相关的主要功能：存储共享、多人协作、安全管控。

图 4-32 协作办公基本界面

完成团队组建，首次进行上述应用后，再次打开 WPS，其首页左上角将显示进行企业团队协作办公与个人文档两个模式切换的下拉框，如图 4-33 所示。在企业团队协作环境下，从右下角的团队文档工具栏开始应用，可以进行文档新建、上传 / 下载、更新、分享协作等。

图 4-33 团队文档应用

（1）存储共享。

团队云共享后，团队文档都存在云端，实现了企业文档集中管理；登录同一个账号可以在 PC 端 / 移动端随时随地查看，内容实时更新；强大的文件备份与还原，协作历史可追溯；团队内文档支持权限控制，确保访问安全可控。

① 初始状态。

在 WPS 主界面，单击"文档"→"团队文档"→"协作办公测试团队"命令，其"团队文档"内容为空白,并且可以测试,团队所有成员的相关路径下都为空白。

② 超级管理员上传。

在企业团队角色中,创建企业团队的 WPS 账号为默认的超级管理员,拥有最高权限。在"企业管理后台",可以安置管理员用户,默认加入团队的用户为普通用户。

如图 4-34 所示,在 WPS 首页:选择"协作办公测试团队"的"团队文档"→"上传"命令,可选上传文件 / 文件夹,此处上传文件"使用团队协作办公 .docx"。

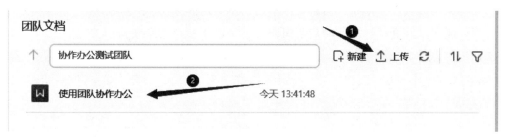

图 4-34　团队文档上传

上传完成后,相关环境关联如表 4-1 所示(必要时可刷新查看),团队内文档自动共享。

表 4-1　超级管理员文档上传后对各相关环境的影响

用户角色	WPS 主界面	PC 端网盘逻辑路径	PC 端网盘本地路径
超级管理员	有	有	无
普通用户	有	有	无

可见,文档上传至团队云端后,自动实现了共享,但不会自动下载到相关用户的 WPS 网盘本地路径下。

如图 4-35 所示,与之前 WPS 个人工作环境相似,左侧为 WPS 网盘 PC 端逻辑路径,右侧为 PC 端本地路径;并且,左侧图中标注的云标记"☁",即表示该文件在云端,且未在当前计算机下载。此时,如果右击该文件选择下载,则该文档下载至本地,且云标记转为"⊙";同时,本地路径下已有文件"使用团队协作办公 .docx"。请注意标记的识别。

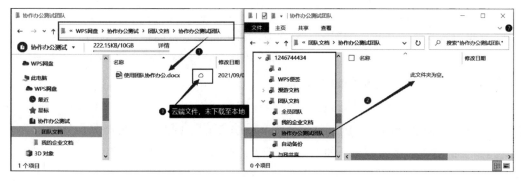

图 4-35　WPS 网盘 PC 端逻辑路径(左)与 PC 端本地路径(右)

③ 普通用户上传文档。

假设普通用户已上传文档"普通用户上传文档"，通过对比，与超级管理员上传文档的结构相同，团队成员分享了该云文档。

④ 删除团队云文档。

用户在网盘本地路径下删除已下载的云文档：通过对比，无论是管理员或普通用户，删除已下载到当前用户的本地路径下的云文档，对其他用户和云端都无影响。可见，已上传的云文档，可以被分享使用，但删除本地文档不会对团体产生影响。

说明：删除本地文档后，在网盘逻辑路径下再次下载可重新获得相关文档。

普通用户删除网盘云文档：当前团队中，假设某普通用户在网盘逻辑路径下（云端），拟删除管理员已上传的云文档"使用团队协作办公 .docx"，结果如图 4-36 所示，删除失败。

图 4-36　被禁止删除的提示

假设某普通用户在网盘逻辑路径下（云端），拟删除该用户已上传的云文档"普通用户上传文档 .docx"，则删除成功。并且，团队中每个用户的网盘本地路径下的同名文件，也全被删除。可见，从云端删除文件，能同时删除各用户本地（已下载）文件。

超级管理员用户删除网盘云文档：超级管理员拥有对所有云文档的删除权限。云文档删除后，各用户在网盘本地路径下的同名文件被自动删除。

综上所述，企业团队环境下，存储共享的管理功能是较为全面与合理的，既实现了一人上传、全体共享的总体需求，也实现了个人上传、自己删除的责任到人，而且，超级管理员的全体删除权限确保了集中管理的特征。同时，对于每个用户而言，其网盘逻辑路径与本地路径的关联规则，仍实现了云文档备份与还原的文件保护功能。

（2）多人协作编辑。

在企业团队内部，对文档进行多人协作编辑可以说是非常简单、自然的。

虽然，文档共享也能实现该文档修改后，共享者也获得了新内容，但该行为无法实现多用户同时在一个文档界面的同时协作编辑。

在个人云文档中，我们是通过把云文档设置为"设为多人编辑文档"和"分享"后，启用多人编辑。而在当前团队内，文档本身就是共享的，因此，只要将其设置"设为多人编辑文档"，即可实现多人编辑。如图 4-37 所示，选择文档，设置多人编辑，确定即可。

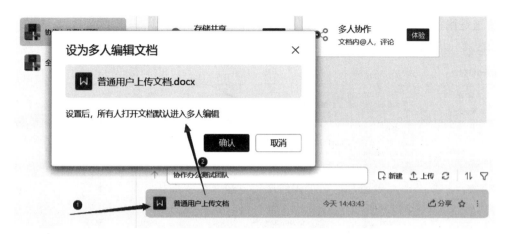

图 4-37　团队文档设为多人编辑

完成设置后，团队各成员可以打开文档进行多人协作编辑操作，如图 4-38 所示。WPS 支持文字文稿、演示文稿、电子表格等各类常用办公文档的多人协作，充分满足了团队协作、高效安全的现代在线协作办公需求。

团队协作文档除了多人协作、历史版本穿梭回溯等重要功能之外，还具有 @ 某人，提醒任务分配；对文档进行团队审阅，专项讨论等特色功能，请读者自行尝试。

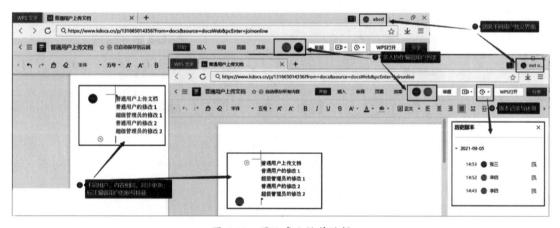

图 4-38　团队多人协作编辑

（3）安全管控。

安全管控是云文档、团队模式管理的一个新问题，WPS 企业团队文档实现了分享权限设置、目录权限设置等管控功能，确保合理实现共享与管控的相关安全需求。

在团队设置中，可以对本团队文档进行统一设置，实施文档分享范围管控，如图 4-39 所示，有以下 3 种情形。

① 不限制：默认设置，可以由用户自行对不同文档设置共享权限。

② 禁止分享到企业外：一个企业下可以有多个团队，该项禁止分享到企业外，只能在企业内分享。

③ 禁止分享到团队外：限制在本团队内共享。对于既要设置范围管控，又以简单规则

实施，这是比较便捷的管控。

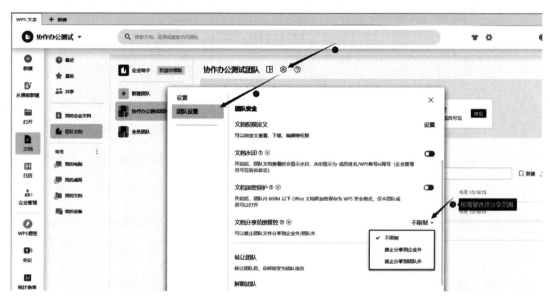

图 4-39　WPS 企业团队设置

更完整的安全管控应用可以参照 WPS 系统自带的"安全管控"文档，如图 4-40 所示。

图 4-40　"安全管控"文档

4.3　便签积累创意

WPS 便签是一款轻便的电子笔记应用。在便签中，快速录入图片、文字等内容，通过编排清单、数字编号、文字排版等编辑，不仅能够记录待办事项，还可以轻松实现图文内容的精美排版。每一条便签，都可以插入日历中，从而支持设置提醒、安排日程、记录日记等功能，轻松管理工作和生活的点点滴滴，实现了创意积累。WPS 便签是一个没有"保存"按钮的应用，这意味着它是随时输入、随时保存的，更有利于信息的记录和管理。

WPS Office 2019 办公软件集成了便签组件，而 WPS 便签在移动端以小程序的形式运行。同一个 WPS 账号登录后，PC 端的 WPS 便签组件与 WPS 便签小程序的内容便互通了。

如果 PC 端未安装 WPS 办公套装软件，也可以使用 WPS 便签。打开浏览器，访问：https://note.WPS.cn/，打开该网站即自动加载 WPS 便签小程序；登录后，同样实现与移动端便签的共享。

4.3.1 便签记录

1. WPS 办公软件的便签组件

打开 WPS 主界面，在左侧导航区域，选择"WPS 便签"命令，打开便签工作界面，如图 4-41 所示。

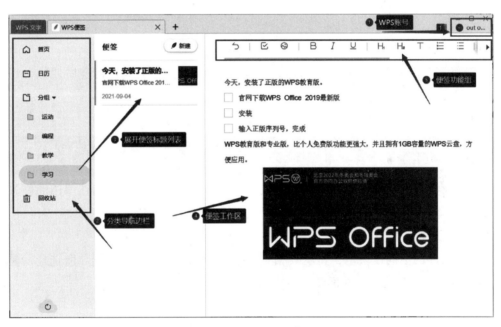

图 4-41 WPS 便签工作界面

（1）WPS 账号。

登录 WPS 账号后，便签才能通过云端功能，实现同账号内的便签在不同设备上的同步更新。

（2）便签内容分类导航边栏。

① 首页。

便签组件的默认界面是"首页"，是便签的根路径。可以在"首页"选项卡下，单击"新建"按钮创建便签。

② 分组。

为了更好地进行便签分类，可以单击"分组"选项卡，在其右侧会出现"+"符号，单击创建便签分组，如图 4-42 所示。如本例中创建了"运动""编程""教学""学习"等多个组类别，每个组别下，可以添加不同的便签。

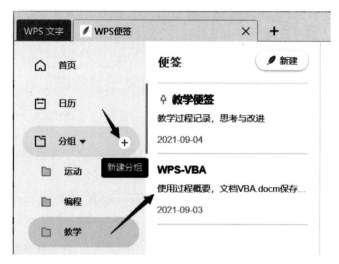

图 4-42　便签分组

便签分组只有一层子目录结构，便于总体布置的简单可控。每个新建的便签分组可以进行重命名或删除等操作。

③ 日历。

可以把便签插入日历中，便于实现设置提醒、安排日程、记录日记等功能。

④ 回收站。

每一条便签被删除后，都会先转到回收站中，防止误删除。如果确认不用的便签，可以在回收站模块下删除便签，还可以"清空回收站"删除所有在回收站的便签。

（3）标题列表区域。

在便签组件的不同模块下，显示其相关内容的标题列表；如果左侧导航选择的是"日历"，则该区域显示日历表，并标注便签标题等。

（4）便签工作区。

便签的内容记录在该工作区域，目前主要支持图片和文字的记录。

（5）便签功能组。

① 插入清单。

清单模式下的内容，可逐条输入，在每条清单的左侧有一个复选框。当某条清单完成后，即可打勾标记，如图 4-43 所示。

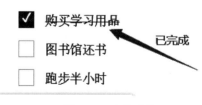

图 4-43　清单功能

② 插入图片。

可以通过 Windows 剪贴板功能直接粘贴图片，也可以使用插入图片按钮，进行图片文件的插入。

③ 文字编辑。

通过文字字形修改、项目编号、数字编号、标题、正文等编辑，实现便签内容排版美化。

④ 其他功能。

包含便签置顶、撤销、移动到分组、添加到日历、字数统计、删除等功能，按提示操作即可。

可见，便签功能简洁实用，可以辅助人们完成办公与日常信息的碎片化处理。

2. 移动设备的 WPS 便签小程序

（1）打开"WPS 便签"小程序。

在移动设备上，通过微信搜索小程序——"WPS 便签"，直接单击打开即可使用。

（2）"WPS 便签"小程序功能说明。

移动端的"WPS 便签"小程序与 PC 端的 WPS 便签组件的功能基本相同，如图 4-44 所示，主要是根据不同的设备，对功能和操作进行了优化布局。

（3）语音输入。

在移动端进行便签内容输入时，一个更便捷的功能便是语音输入，结合手机输入法的语音输入，如图 4-45 所示，在便签编辑时，切换输入法进行语音输入即可，请读者实践尝试。

图 4-44　移动端的 WPS 便签小程序主界面　　图 4-45　移动端便签的语音输入

4.3.2 便签共享

WPS 便签的共享是非常简单便捷的，在相关设备上，基于连接互联网，使用同一个 WPS 账号登录，即可实现该账号下所有的便签同步共享。

除了 WPS Office 办公套件软件和微信 WPS 便签小程序的应用之外，还有 Web 版的 WPS 便签也是实现便签共享的有力保障。

Web 版的 WPS 便签，访问地址：https://note.WPS.cn/，无论是在计算机的浏览器中，还是在移动设备的浏览器中，均可直接访问使用。如图 4-46 所示，即使在手机浏览器中访问网页版，也可以直接单击"登录网页版"进行操作。

网页版的登录方式非常丰富，如图 4-47 所示。除了本文中已用的微信登录，还可以用手机 / 短信验证码、账号 / 密码、QQ 等方式登录；单击展开"更多"对话框，还有钉钉账号、小米账号、微博账号、教育云账号、第三方企业登录等。网页版登录后的使用界面和功能，也与其他版相似，为适合在浏览器中的操作进行了界面的优化和美化。

可见，WPS 应用已形成了一个较为完善的生态圈，为用户提供了全面、高效、安全的现代化办公环境。

图 4-46　WPS 便签 Web 版

图 4-47　WPS 便签网页版登录

4.4　云文档同步管理

在 4.1 节中，我们已经通过云文档的备份和还原，体验了 WPS 对用户资源的全面保护。但需要注意的是，示例中进行备份和还原操作是在 WPS 网盘（个人文档）的"我的云文档"里完成的，如果在网络断开的情况下，打开该目录下的文件会如何呢？

如图 4-48 所示，此时打开文档失败，因为"WPS 网盘 \ 我的云文档 \a"是 WPS 云盘的逻辑路径，它的文件实际存储于云端，断网就无法访问。

那么，针对使用 WPS 网盘的文件资源如何获得更多保障呢？本节进一步探索 WPS 云文档的资源同步等应用。

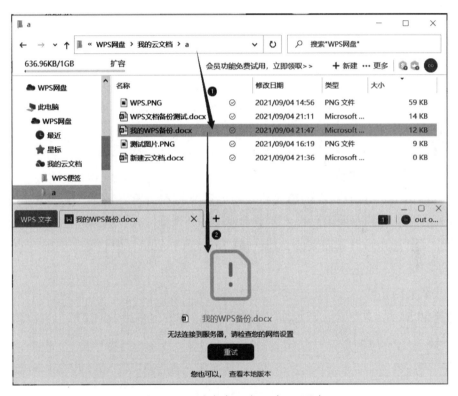

图 4-48　云文档打开失败（无网络）

4.4.1　本地导出

1．WPS 网盘（个人文档）"我的云文档"的云端与本地文件同步管理

针对 WPS 网盘"我的云文档"在断网情形下无法使用本地计算机访问的问题，在 WPS Office 2019 中已经实现了常规的自动同步，如图 4-49 所示。比如，4.1 节中的测试文档"我

的 WPS 备份 .docx"文件，在云端路径为"WPS 网盘 \ 我的云文档 \a"，在本地路径为
"\Documents\WPS Cloud Files\729042965\a"，其中的"729042965"为 WPS 账号 ID，每个用
户由系统自动分配。

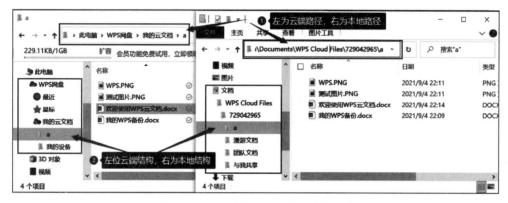

图 4-49　WPS 网盘云端与本地路径对比

在 WPS 网盘云端的"我的云文档"和本地文件夹，一般情况下是相同的。用户修改云
端文件，本地会自动更新；修改本地文件，云端也会自动更新。

可见，当前 WPS 网盘功能已成熟，对文件有较完善的保护。本地导出文件直接从本地
文件夹复制保存即可完成。

2. WPS 网盘共享文件的本地化导出

上文讲述了 WPS 网盘"我的云文档"相关资源的本地导出处理，由于 WPS 自动创建
了网盘本地路径，对网盘的用户个人资源实现了自动本地同步，云端同账户不同设备分享；
但是，对于从其他用户共享而来的文档，虽然可以打开编辑，但它并未到用户的本地计算
机，需要进行资源本地化导出。

（1）共享文档。

如图 4-50 所示，共享文档既包括"我的共享"，即我分享出去的文档；也包括"共享给
我"，指其他用户分享给我的文档。

图 4-50　共享文档

在 WPS网盘逻辑路径下，已包含相关共享文档。以其中的"WPS 和金山文档的区别 .docx"文档为例，它可以通过云端打开，其路径为：

WPS 网盘 \ 我的云文档 \ 与我共享 \ WPS 和金山文档的区别 .docx

但是，在 WPS 网盘本地路径下，无此文件：

\ 文档 \WPS Cloud Files\1246744434\ 与我共享 \

可见，"共享给我"的文档，未自动本地化。

（2）共享云文档"另存为"当前账户的"我的云文档"。

在 WPS 主界面，选择操作"共享给我"→"WPS 和金山文档的区别 .docx"，右击选择"另存为"，如图 4-51 所示。在"另存为"对话框中，选择当前用户 WPS 网盘（个人文档）"我的云文档"路径；假设该路径下已有 a 文件夹（前文有述），选择该文件夹进行确定保存。

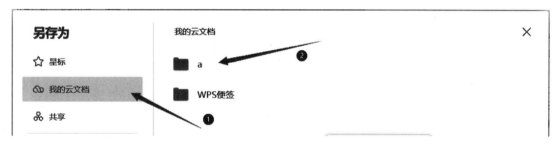

图 4-51　选择保存路径

完成保存后，可以在 WPS 主界面切换至"我的云文档"→"a"，如图 4-52 所示。可见当前的"共享给我"的"WPS 和金山文档的区别 .docx"文档，已保存到了当前账户的"我的云文档"下。

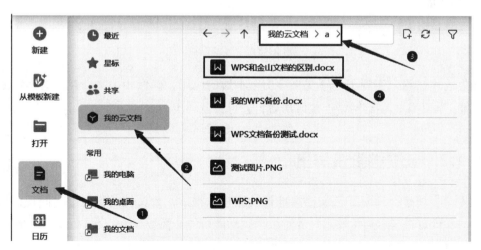

图 4-52　已保存至当前账户"我的云文档"下

（3）云文档下载。

完成从"共享给我"至"我的云文档"后，打开 WPS 网盘的逻辑路径（左）和本地物理路径（右）对比，发现指定文件未自动下载至本地，"WPS 和金山文档的区别 .docx"文档仍在云端（注意其右侧标记为"☁"），如图 4-53 所示。

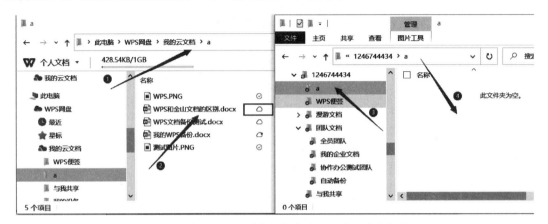

图 4-53　网盘逻辑路径（左）与本地物理路径（右）对比

右击"WPS 和金山文档的区别 .docx"文档，展开快捷菜单，选择"下载"命令，该文档成功下载至本地路径，云文档右侧的图标变为"⊘"，如图 4-54 所示。

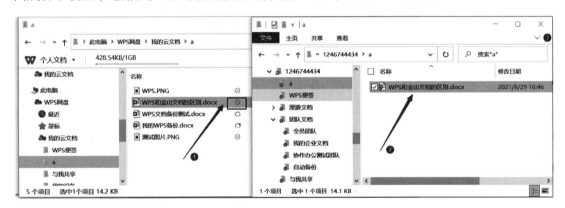

图 4-54　下载至本地

通过上述过程，实现了共享文档导出至本地的应用，确保相关文档在没有网络的情况下，也能正常编辑；在有网络连接成功后，进行云盘同步。

4.4.2　云文档批量导出

根据上文所述，理解了云文档本地化的完整过程后，云文档的批量导出同理，批量选择文件或文件夹进行本地化导出。注意，个别功能可能会需要 WPS 会员功能的支持。